中国盆景艺术系列
Chinese Miniature Landscape Series

扬州盆景艺术

THE ART OF YANGZHOU MINIATURE LANDSCAPE

韦金笙　编著
Compiled by Wei Jinsheng

ARTTIME 时代出版
时代出版传媒股份有限公司
安徽科学技术出版社

图书在版编目(CIP)数据

扬州盆景艺术/韦金笙编著.—合肥:安徽科学技术出版社,2014.9(2018.1重印)
(中国盆景艺术系列)
ISBN 978-7-5337-6313-8

Ⅰ.①扬… Ⅱ.①韦… Ⅲ.①盆景-观赏园艺-扬州市 Ⅳ.①S688.1

中国版本图书馆CIP数据核字(2014)第088099号

扬州盆景艺术 韦金笙 编著

出 版 人:丁凌云 选题策划:刘三珊 责任编辑:刘三珊 杨都欣
责任校对:张 枫 责任印制:廖小青 封面设计:冯 劲
出版发行:时代出版传媒股份有限公司 http://www.press-mart.com
安徽科学技术出版社 http://www.ahstp.net
(合肥市政务文化新区翡翠路1118号出版传媒广场,邮编:230071)
电话:(0551)63533330
印 制:安徽省地质印刷厂 电话:(0551)64653738
(如发现印装质量问题,影响阅读,请与印刷厂商联系调换)

开本:787×1092 1/16 印张:14.25 字数:365千
版次:2018年1月第2次印刷

ISBN 978-7-5337-6313-8 定价:75.00元

作者简介

韦金笙,1936年生,上海市人。曾任扬州市园林管理局总工程师、高级工程师、中国风景园林学会花卉盆景赏石分会副理事长,现任中国风景园林学会花卉盆景赏石分会顾问。

作者从事风景园林、花卉盆景研究和建设五十余载。曾系统研究扬派盆景个性,发扬“云片”特色,主张打破“师传口授”习俗,总结扬派盆景技艺11种棕法。倡导继承传统,并在继承传统的基础上进行创新。1979年10月主持在北京举办的全国“盆景艺术展览”在苏北馆展出,重点展览扬派盆景并获好评。翌年,参加《中国盆景艺术的研究》国家科研项目,并于1981年9月成功确立扬派盆景为中国盆景五大流派之一。1984年10月主持筹建扬州盆景园。1986年5月主持规划、设计并参与施工在意大利举办的第五届国际花卉博览会的中国盆景馆,荣获最佳布置荣誉银质奖。1995年5月,任中国代表团秘书长,参加在新加坡举办的“第三届亚太地区盆景赏石会议暨展览会”,首场讲演《中国盆景的历史、流派及其艺术欣赏意境》。1997年10月,担任在上海举办的“第四届亚太地区盆景赏石会议暨展览会”执行副主席,主持盆景展览、盆景研讨会,并担任评委。1999年5月,担任“中国’99昆明世界园艺博览会”专业评审组专家,主持盆景评比。曾代表分会与主办城市共同主持第三、四、五、六届“中国盆景(评比)展览会”,并任主评委。2001年5月,建设部城建司、中国风景园林学会为表彰其为发展中国盆景事业作出的突出贡献,特为其颁发“突出贡献奖”。2005年9月担任在北京举办的“第八届亚太地区盆景赏石会议暨展览会”组委会成员,主持中国(台湾)盆景艺术大师创作示范表演。2007年9月,应邀参加在印尼巴厘岛举办的“第九届亚太地区盆景赏石会议暨展览会”,并任盆景评审。2009年10月,应邀参加在中国台湾彰化举办的“第十届亚太地区盆景赏石会议暨展览会”,并任盆景评审。

编著的图书有《中国扬派盆景》、《韦金笙论中国盆景艺术》(2004年);主编的图书有《中国盆景艺术大观》(1998年)、《中国当代盆景精粹》(2001年)、《中国盆景流派丛书》(2004年)、《中国盆景名园藏品集》(2005年)、《中国古盆鉴赏》(2006年)、《中国盆景风格丛书》(2008年)、《中国盆景制作技术手册》(2011年)。

About the Author

Wei Jinsheng, born in Shanghai in 1936, former chief engineer and senior engineer of Yangzhou Landscape Administration Bureau, former deputy chairman of Stone Appreciation Branch of China Landscape Society, is now councilor of Pot Tree and Stone Appreciation Branch of China Landscape Society.

The author has been engaged in the study and development of landscape and pot plants for more than 50 years. He once conducted systematic researches into the individuality of Yangzhou pot plants and landscape art and generalized 11 binding methods in making Yangzhou pot plants, promoting "Cloud-style" of potted trees and advocating giving up "the word of mouth method from masters to apprentices." He is a supporter of inheriting traditions and innovating on the basis of that. In October, 1979, he presided in Beijing over the exhibition of North Jiangsu Hall at the national "Exhibition of Pot Plants and Miniature Landscape", laying emphasis on the pot plants and miniature landscape of Yangzhou School which won him favorable comments. The following year, he participated in the national scientific research program "Studies of China's Pot Plant and Miniature Landscape Art" and in September of 1981, Yangzhou School of pot plant and miniature landscape art was successfully established as one of the five China's major schools. In October, 1984, he presided over the building of the Yangzhou Garden of Pot Plant and Miniature Landscape Art. In May, 1986, he presided over the plan and design of and took part in the building of China's Exhibition Hall at the Fifth International Horticulture Exposition in Italy and won an honorary silver medal for best layout. In May, 1995, he, as the general secretary of Chinese delegation, attended The 3rd Conference & Exhibition of Pot Plant, Miniature Landscape and Stone Art of Asian and Pacific Areas held in Singapore and delivered at the conference the first speech *The History, Schools and Artistic Conceptions of China*'s *Pot Plant and Miniature Landscape Art*. In October, 1997, as the executive vice chairman of The 4th Conference & Exhibition of Pot Plant, Miniature Landscape and Stone Art of Asian and Pacific Areas,he presided over the exhibition and the symposium and acted as a judge. In May, 1999, he was invited to China's '99 Kunming International Horticulture Exposition as an expert of the professional jury and presided over the appraisal of the artistic works. In the 3rd, 4th, 5th and 6th "National Pot Plant and Miniature Landscape Art Exhibition (competition)", he presided over the events with the host cities on behalf of Stone Appreciation Branch of China Landscape Society and acted as the chief judge. In May, 2001, the

Urban and Rural Development Department of the Ministry of Construction together with China Landscape Society awarded him "Prize of Prominent Contribution" for his outstanding work in the development of China's pot plant and miniature landscape art. In September, 2005, he served as a member of the organizing committee in The 8th Conference & Exhibition of Pot Plant, Miniature Landscape and Stone Art of Asian and Pacific Areas held in Beijing and presided over the demonstration performed by Chinese (Taiwan) master artists. In September, 2007, he was invited to attend The 9th Conference & Exhibition of Pot Plant, Miniature Landscape and Stone Art of Asian and Pacific Areas held in Bali, Indonesia and acted as a judge of pot plants. In October, 2009, he was invited to attend The 10th Conference & Exhibition of Pot Plant, Miniature Landscape and Stone Art of Asian and Pacific Areas held in Zhanghua, Taiwan, China and served as a judge of pot plants.

He is the author of *China's Pot Plant and Miniature Landscape Art of Yangzhou School* and *Wei Jinsheng on China's Pot Plant and Miniature Landscape Art* (2004); chief compiler of *Panorama of China's Pot Plant and Miniature Landscape Art* (1998), *Highlights of China's Contemporary Pot Plant and Miniature Landscape Art* (2001),*Series of the Art Schools of China's Pot Plant and Miniature Landscape Art* (2004),*Collected Masterpieces in Famous Gardens of China's Pot Plant and Miniature Landscape Art* (2005),*Appreciation of Ancient China's Pot Plant and Miniature Landscape Art* (2006), *Series of China's Pot Plant and Miniature Landscape Art Styles* (2008)and A *handbook of Skills in Creating China's Pot Plant and Miniature Landscape Works* (2011).

前言

扬派盆景，经明代开创风格，被承认、欣赏；清代广泛流传，形成流派；并于新中国成立后继承传统，并发扬个性。1981年9月24日，在由国家城市建设总局科研教育设计局、园林绿化局审定的《中国盆景艺术的研究》科研成果中，扬派盆景被确认为中国盆景五大流派之一，成为中国盆景艺术的重要流派。继后，扬派盆景参加第一届至第五届中国盆景评比展览，黄杨盆景《巧云》《腾云》《行云》《凌云》《碧云》《彩云》等作品先后荣获历届展览一等奖，实现五连冠。其中，黄杨盆景《腾云》1990年还荣获"日本大阪花与绿国际花卉博览会"金奖；黄杨盆景《碧云》1999年荣获"中国'99昆明世界园艺博览会"金奖，使扬派盆景盛誉海内外。

2008年6月，扬派盆景技艺被国务院公布并列入国家级非物质文化遗产名录。

在继承传统的同时，扬州专业盆景工作者、业余盆景爱好者也与时俱进，在继承传统的基础上创新水旱盆景，其中水旱盆景《古木清池》于1999年荣获"中国'99昆明世界园艺博览会"大奖。同时发展写意树木盆景，其中雀梅盆景《古木情深》1997年荣获"第四届中国盆景评比展览"一等奖。除此之外，还有山水盆景，其中山水盆景《雨沐春山》1997年荣获"第四届中国盆景评比展览"一等奖。在他们的努力下发展形成多元的扬州盆景艺术，为发展中国盆景艺术做出新的贡献。

《扬州盆景艺术》全面总结、解析、实录，以继承传统，并在继承传统基础上进行创新视觉，论述传统的扬派盆景、创新的水旱盆景、发展的写意树木盆景和山水盆景的艺术特色、创作技艺要领以及佳作赏析，以供广大读者参考、借鉴。

编　者

Preface

The style of the pot plant and miniature landscape art of Yangzhou school, was initiated, recognized and appreciated in the Ming Dynasty. In the Qing Dynasty the art school was formed and became popular, with its tradition and uniqueness inherited and promoted after the founding of the People's Republic of China. On September 24, 1981, Yangzhou Art School was named one of the five major pot plant and miniature landscape art schools in China after the examination and approval of the scientific research achievements— *Researches into Chinese Pot Plant and Miniature Landscape Art*—conducted by the Bureau of Scientific Research, Education and Design, General Administration of Urban Development of China and the Bureau of Landscape and Forestry. Since that, Yangzhou School has been an important school in China's pot plant and miniature landscape art. After that, Yangzhou pot plant and miniature landscapes entered the five (from the first to the fifth) national pot plant and miniature landscape art exhibitions and its potted boxwood "Delicate Cloud", "Jumping Cloud", "Moving Cloud", "Flying Cloud", "Blue Cloud", "Colored Cloud" etc. won the first prize in all the five exhibitions, pocketing five champions in a row. In 1990, its potted boxwood "Jumping Cloud" won the gold medal in Osaka International Flora and Green Exposition and in 1999, and its potted boxwood "Blue Cloud" won the gold medal in China's '99 Kunming International Horticulture Exposition, which earned Yangzhou School a great fame at home and abroad.

In June, 2008, the State Council made public a list of national nonmaterial cultural heritage and the artistic skill of Yangzhou School was included in it.

Not only has Yangzhou inherited the tradition, it has also conducted creative work on the basis of the tradition. The pot plant and miniature landscape artists in Yangzhou, professionals and amateurs, keep pace with the times and have come up with water-and-land miniature landscapes, one of which, "Ancient Trees in Crystal-clear Water" won the top prize in China's '99 Kunming International Horticulture Exposition. At the same time, Yangzhou School artists have used impressionistic method to create pot plants. In 1997, the sparrow plum potted landscape. "Deep feelings of the Ancient Tree" won a first prize in The Fourth National Pot Plant and Miniature Landscape Art Competition Exhibition. In the meantime, potted water and mountain landscapes were in denelpment. In 1997, "Mountain Spring in Rain", a pot of miniature land, won a first prize in "The Fourth National of Pot Plant and Miniature Landscape Art Competition Exhibition. Yangzhou School, with concerted efforts and diversity, has made new contributions to China's pot plant and miniature landscape art.

The book *Yangzhou Pot Plant and Miniature Landscape Art* has made a factual record, objective analysis and comprehensive summary of the art of Yangzhou School, displaying its innovative vision on the basis of the tradition and exhibiting the artistic features of the traditional Yangzhou art, innovative water-and-land miniature landscapes, pot plants and miniature landscape art with the impressionistic style. The purpose of presenting the beautiful works, their appreciation and the skills in the process of creation is toprovide reference and information for readers.

By the Author

目　　录

Contents

一、概 述

扬州是国务院1982年首批公布的24座历史文化名城之一。隋大业元年(公元605年)隋炀帝杨广开凿大运河,使扬州成为我国南北交通的枢纽,经济昌盛、文化繁荣。发展至唐代(公元618—907年)时已成为商贾如织,经济和文化空前繁荣,仅次于长安、洛阳的全国第三大都会,有"扬一益二"之称。天时和地利使扬州成为我国最早开展对外贸易和文化交流的城市之一。经济和文化的高度繁荣,促使了园林的兴盛。诗人姚合(约公元775—846年)在《扬州春词》三首中道:"园林多是宅,车马少于船。""有地惟栽竹,无家不养鹅。"遗憾的是未见考古、文献记载唐代扬州已有盆景流传。至宋代年间(公元960—1279年),扬州虽已不像唐代那么兴盛,但仍不失为东南重镇。苏轼(字东坡)在元祐七年(公元1092年)出任扬州太守,除筑"谷林堂"吟诗作画,还喜作盆景。其在《双石》诗中云:"至扬州获二石,其一绿石,岗峦迤逦,有穴达于背;其一玉白可鉴,渍以盆水,置几案间。"苏轼不仅亲自制作盆景,还绘《古木怪石图卷》(图1),并对入画的盆景加以吟咏:

图1 苏轼《古木怪石图》

"我持此石归,袖中有东海。……置之盆盎中,日与山海对。"苏轼融诗、书、画、技为一体,寓精工巧思于装饰壮观之中,以清秀、古雅、飘逸、写意的创作风格,被后人效仿,并流传千载。明代时(公元1368—1644年),屠隆在《考磐余事》盆玩笺中云:"至于蟠结,柯干苍老,束缚尽解,不露做手,多有态若天生。"指出民间通过人为剪扎制作树木盆景"多有态若天生"。扬州盆景园原保存的一盆明末桧柏盆景(图2),为古刹天宁寺遗物,干高二尺,屈

图2 明末桧柏盆景

曲如虬龙,树皮仅余三分之一,苍龙翘首,应用"一寸三弯"棕法,将枝叶蟠扎而成的"云片",枝繁叶茂,青翠欲滴,犹如高山苍松翠柏,开创扬派盆景风格。到了清代(公元1644—1911年),扬州成为南北漕运咽喉与盐业中心,经济、文化再度出现极度繁华的局面。康熙、乾隆六下江南,驻跸扬州。扬州官僚、士绅、盐商为迎合帝王宸游,赋工属役,增荣饰观,广筑园林,大兴盆景,有"家家有花园,户户养盆景"之说,并形成流派。乾隆六十年(公元1795年)李斗著《扬州画舫录》卷三载:"湖上园亭,皆有花园,为莳花之莳地。……盆以景德窑、宜兴土、高资石为上等。种树多寄生,剪丫除肆,根枝盘曲而有环抱之势,下养苔如鍼,点以小石,谓之花树点景(注:即今树石盆景雏形)。又江南石工以高资盆,增土叠小山数寸,多黄石、宣石、太湖、灵璧之属,有孔、有皱、有罅,有杠,蓄水作小瀑布,倾泻为溜,其下空处有沼,蓄小鱼游泳,谓之山水点景。"(注:即今山水盆景或水旱盆景雏形)。扬州八怪郑板桥题画《盆梅》(图3),更形象地展示出当时梅花盆景艺术。

图3　清代扬州八怪之一郑板桥题画《盆梅》

民国期间，扬州盆景衰落。但在泰州、泰兴仍经久不衰，一批古老扬派盆景被养护剪扎。万觐棠、王寿山仍世代相传扬州盆景艺术，使其留传至今。

新中国成立后，1954 年初曾调 36 盆松柏盆景供北京中南海陈设。1963 年中央为发展扬派盆景，曾聘请泰州扬派盆景老艺人万觐棠到扬州瘦西湖公园，主持明清扬派盆景剪扎、养护工作，并带徒传艺。泰州扬派盆景老艺人王寿山则全心投入泰州泰山公园海陵盆景园建设，主持该园古老盆景剪扎、养护工作，并带徒传艺。同时多次到江南山区挖掘古老树桩，创作一批在继承传统的基础上进行创新的佳作。1965 年 10 月国务院下发通知：机关、工厂、学校、企事业单位不准养花、摆花。由于此举，扬州专员公署内的一批明、清扬派盆景和扬州博物馆新中国成立初期接管古刹天宁寺的一盆明末古柏盆景，以及两盆清代中期的桧柏盆景被集中到瘦西湖公园，由盆景老艺人万觐棠培育、剪扎，得到精心养护，使其枯木逢春。

20 世纪 70 年代末期，时任扬州市园林管理处工程师的韦金笙在黄山迎客松（图 4）启示下，发掘传统的扬派盆景“云片”扎片艺术。该艺术源于高山苍松，如黄山迎客松那样经历风涛洗礼展叶平整，似朵朵云片，富有装饰性（图 5）。于是在总结扬派盆景老艺人剪扎技艺的基础上，扎片艺术强调依据中国画“枝无寸直”的画理，形成层次分明、严整平稳，富有工笔细描装饰美的地方特色，并参加 1979 年 10 月在北京北海公园举办的新中国成立后首次盛大的全国盆景艺术展览，得到全国盆景界的认可和好评。1981 年 9 月扬派盆景被国家城建总局（今国家住房和城乡建设部）审定的科研成果《中国盆景艺术的研究》中，被列为中国盆景五大流派之一。同年 10 月，在瘦西湖公

图4　黄山迎客松

图5　扬派桧柏盆景《横空出世》

园举办的扬州地区盆景艺术展览，对推动、发展扬派盆景产生深远的影响。1982 年 10 月中国花卉盆景协会在扬州召开新中国成立以来首次全国盆景老艺人座谈会，同时举办全国盆景艺术研究班，由参加座谈会的老艺人轮流讲课，亲自传授技艺，对扬派盆景吸取各派风格、流派之长，在继承传统基础上进行创新产生深远影响。在展览、座谈会的促进下，1983 年 7 月扬州市人民政府决定在清乾隆盛世瘦西湖上二十四景之一的“卷石洞天”“西园曲水”遗址筹建扬州盆景园，并于 1986 年 10 月 1日正式对外开放，培育、陈列、展览扬派盆景，成为发展扬派盆景的里程碑。1984 年 12 月扬派盆景参加在香港展览中心举办的“江苏盆景艺术展览”。1985 年 10 月扬派盆景参加在上海虹口公园举办的“首届中国盆景评比展览”，黄杨盆景《巧云》、水旱盆景《八骏图》荣获一等奖。1986 年 4 月扬派盆景参加在意大利热那亚国际展览中心举办的“第五届国际花卉博览会”。扬州市园林管理局副总工程师韦金笙代表中国代表团规划、设计，并参于施工的“中国盆景馆”荣获最佳布置设计荣誉银质奖。1987 年 4 月扬派盆景参加在北京农业展览馆举办的“首届中国花卉博览会”，黄杨盆景《凌云》、水旱盆景《小桥流水人家》荣获佳作奖(最高奖)。1989 年5月，参加在北京农业展览馆举办的“第二届中国花卉博览会”，水旱盆景《垂钓图》荣获一等奖。同年 9 月，扬派盆景参加在武汉群芳馆举办的“第二届中国盆景评比展览”，黄杨盆景《腾云》荣获一等奖。展览期间，中国园林学会、中国花卉盆景协会追认、授予已故扬派盆景老艺人万觐棠、王寿山“中国盆景艺术大师”的荣誉称号。1990年 6 月，扬派盆景参加在日本大阪举办的“花与绿国际花卉博览会”，黄杨盆景《腾云》荣获金奖。1994 年 5 月扬派盆景参加在天津盆景园举办的“第三届中国盆景评比展览”，黄杨盆景《行云》、榆树盆景《雄健》荣获一等奖。

1997 年 10 月，在扬州瘦西湖公园举办的“第四届中国盆景评比展览”中，黄杨盆景《凌云》、《碧云》、刺柏盆景《绿云》、水旱盆景《古木清池》、雀梅盆景《古木情深》、山水盆景《雨沐春山》荣获一等奖。2001 年 5 月，扬派盆景参加在苏州举办的“第五届中国盆景评比展览”，黄杨盆景《彩云》、桧柏盆景《苍龙出谷》荣获一等奖。展览期间，建设部城建司、中国风景园林学会联合授予万瑞铭、赵庆泉“中国盆景艺术大师”的荣誉称号，同时向徐晓白、韦金笙颁发“突出贡献奖”。2004 年 10 月，扬派盆景参加在泉州举办的“第六届中国盆景展览”，桧柏盆景《横空出世》荣获金奖，黄杨盆景《层云》、桧柏盆景《铁骨峥嵘》、《舞娘献艺》荣获传世佳作奖。2008 年 9 月，扬派盆景参加在南京举办的“第七届中国盆景展览会”，水旱盆景《浓荫深处》荣获金奖，黄杨盆景《飘云》《祥云》《青云》《一品大夫》荣获继承传统奖。

1995 年 5 月，扬派盆景参加在新加坡举办的“第三届亚太地区盆景赏石会议暨展览会”，黄杨盆景《意云》荣获优秀奖。1997 年 10 月扬派盆景参加在上海举办的“第四届亚太地区盆景赏石会议暨展览会”，黄杨盆景《腾云》、水旱盆景《幽林曲》荣获银奖。1999 年 5 月扬派盆景参加在昆明举办的“中国’99 昆明世界园艺博览会”，水旱盆景《古木清池》荣获大奖，黄杨盆景《碧云》荣获金奖。2005 年 9 月扬派盆景参加在北京举办的“第八届亚太地区盆景赏石会议暨展览会”，黄杨盆景《行云》、桧柏盆景《苍龙出谷》、水旱盆景《饮马图》、《清泉石上流》荣获佳作奖。

扬派盆景（含创新的水旱盆景）多次参加国内外重大展览并获奖，使其饮誉海内外。

扬州盆景园、红园、竹西公园，在继承和发展扬派盆景的同时，还大力开展商品化生产，使商品盆景进入国际市场，成为我国出口盆景的重要生产基地之一。

2008 年 6 月扬派盆景技艺被国务院列入国家非物质文化遗产名录(图6)。

在当今盆景界崇尚自然的趋势下，扬州仍保存较多明、清扬派盆景遗存，并全面继承扬派盆景剪扎技艺，保存中国盆景发展史的历史见证，使这些活的“文物”永葆青春，对中国盆景重振，尤具重要意义，实属难能可贵。同时与时俱进，继承传统，并在传统基础上进行创新，创新水旱盆景、发展写意树木盆景和山水盆景，由单一传统的扬派盆景，发展成多元化的扬州盆景艺术，被全国盆景界所青睐，并获得赞誉。

图6　扬派盆景技艺被列入国家级非物质文化遗产名录

二、传统的扬派盆景

(一) 艺术特色

扬派盆景经历代盆景老艺人的锤炼，形成苍劲英姿的启示，依据中国画“枝无寸直”的画理，创造应用11种棕法组合而成的扎片艺术手法，使不同部位寸长之枝能有三弯(简称“一寸三弯”或“寸枝三弯”)，将枝叶剪扎成枝枝平行而列，叶叶俱平而仰，如同飘浮在蓝天中极薄的“云片”，形成“层次分明、严整平稳”，富有工笔细描装饰美的地方特色(图7)。这种源于自然，高于自然的特色，在以扬州、泰州为中心的地域得到发展，并广泛流传，形成流派。至今万氏、王氏五代传人万觐棠、王寿山的弟子，以及部分业余盆景爱好者，仍在扬派盆景博物馆、泰州盆景园等单位，精心从事继承扬派盆景技艺和在继承传统基础上进行创新。他们多次参加国内外重大展览并荣获大奖。

1981年9月，国家城建总局(今国家住房和城乡建设部)审定的科研成果《中国盆景艺术的研究》中，扬派盆景被列为中国盆景五大流派之一。

2008年6月，扬派盆景技艺被国务院公布，列入国家非物质文化遗产名录。

扬派盆景剪扎技艺，经历代盆景老艺人锤炼，师传口授，加以继承、创新。在1983年10月全国盆景老艺人座谈会促进下，特别是在时任扬州市园林处副主任兼瘦西湖公园主任、工程师韦金笙，研究中国盆景艺术大师、扬派盆景万氏五代传人万觐棠，王氏五代传人王寿山祖传剪扎技艺基础上，经与万觐棠传人，时任扬州盆景园主任、工程师万瑞铭；王寿山传人泰州海陵盆景园技师王五宝；王寿山弟子，东郊公园主任陈希林；扬州红园副经理、工程师林凤书等共同努力，终于总结出剪扎扬派盆景的扬棕、底棕、平棕、撇棕、连棕、靠棕、挥棕、吊棕、套棕、拌棕、缝棕等11种棕法。使传统的师传口授形式，转化为科学的图文并茂形式，以继承、创新扬派盆景剪扎技艺。

扬派盆景的个性在“云片”，云片的布局在立意，立意的实现在树本，故在创作扬派盆景佳作时，选择树本极为重要，成为成败的关键。当然也可因本制宜来立意，凭借灵感的有机结合，相得益彰。

图7 扬派黄杨盆景《碧云》

图8 扬派刺柏创新盆景《青云天梯》

扬派盆景的美感在于"云片",云片的美感在于挺拔,挺拔的实现在于功底,故在创作扬派盆景佳作时,除了要有美好立意,还需要具备运用11种棕法技巧功底。熟练掌握11种棕法决非一朝一夕的事,需要多年实践才能应用自如。

应用扬派盆景技艺,继承传统的扬派盆景,特别是运用11种棕法剪扎"云片"技艺,用以保存中国盆景发展史的历史见证,使活的"文物"永葆青春,但其技法所需功底较深,不易普及。如与时俱进创新扬派盆景,则可运用金属丝替代棕丝进行剪扎,按大写意绘画手法进行造型,突出"云片"个性和美感。既融入大写意诗情画意的美感,又继承传统工笔细描的个性,源于自然,高于自然(图8)。

（二）创作技艺要领

1.剪扎棕法

扬派盆景剪扎技艺，经历代盆景艺人锤炼，师传口授加以继承。

棕法，就是应用棕榈树干托片网状纤维，梳理出粗硬单棕（棕丝），或采用人工方法，将细软棕丝捻成粗细不等的棕线，将不同部位枝条，根据造型和扎片需要，剪扎成形时所采用的技艺（手法）。

用棕丝（线）剪扎盆景，其优点是：棕丝（线）强度高，易弯曲且日晒雨淋不易腐烂；颜色与树木相近、和谐；定型后，拆棕方便。

（1）系棕方法：有单套、双套和扣套3种（图9）。

① 单套：多用于树皮粗糙或有节疤，棕丝（线）不易滑脱的部位。

② 双套：多用于树皮光滑、无节，棕丝（线）易滑脱的部位。

③ 扣套：多用于主干基部第一弯，树干紧靠土面的部位。

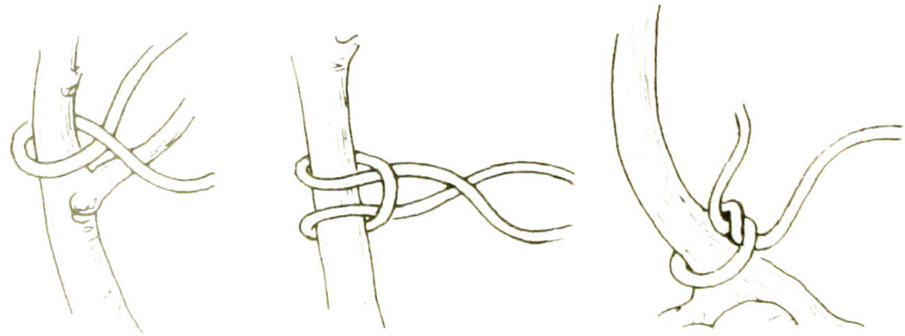

（一）　（二）　（三）

图9　扬派盆景棕丝系棕方法

（一）单套　（二）双套　（三）扣套

（2）打结方法：打结方法有活结和死结两种（图10）。

① 活结：弯曲树干或枝条时，系棕后每弯先打活结，便于调节各弯松紧，待树干或枝条弯曲达到理想弯度，然后将各活结打成死结。

② 死结：扎弯后无须进行调整，遂系死结，并随手剪除余棕。

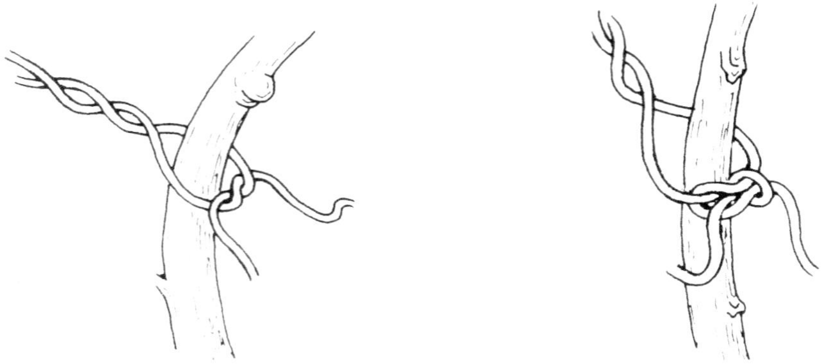

（一）　　　　（二）

图10　扬派盆景棕丝打结方法

（一）活结　（二）死结

(3) 棕法要领：11种棕法和棕法要领（图11）。

① 扬棕法：是在树干或枝条下垂时采用的一种棕法，在枝条上部系棕，使枝条向上扬起，然后拿弯带平。

② 底棕法：与扬棕法相反，在枝条下部系棕，使枝条下垂，然后拿弯带平。

③ 平棕法：用于使枝条基本水平的一种棕法，使枝条水平弯曲。

④ 撇棕法：在碰到枝条有叉枝，形成两根枝条上下不等，拿弯又正巧在叉枝位置上时所用的一种棕法。要点是系棕的位置要适当，主要根据拿弯的方向而定。如向左边拿弯，棕丝先经叉枝偏下的枝条一面，由下而上，系棕在叉枝向上枝条一方，然后拿弯撇平。如向右边拿弯，则与向左拿弯相反。此棕法变化很大，有扬棕法的撇棕法、底棕法的撇棕法及平棕法的撇棕法。

⑤ 连棕法：在桃、梅树的剪扎中或枝条长而直时，不必一棕一剪，可用一根细棕连续扎弯而不剪断棕丝。每扎一弯，先打一单结，然后把单结上的棕丝在前一棕丝上绕一下，从该棕丝下面抽出后，与单结下面的棕丝绞几下，再扎下一弯。

⑥ 靠棕法：即在枝条的叉枝上，为防止叉枝因剪扎而撕裂的一种棕法。先在一枝上套上棕，交叉一下后，在另一枝外侧收紧打结，使两枝稍稍靠拢，这样下一步弯曲枝条时，丫杈处不会撕裂。

⑦ 挥棕法：在枝条上无下棕部位或下棕后易滑落，或离下棕的位置太远或太近，必须将棕丝系在枝条侧枝面，这就是挥棕法。系棕在枝条上面的称"挥棕法的扬棕法"，系棕在枝条下面的称"挥棕法的底棕法"。

11 种棕法和棕法要领

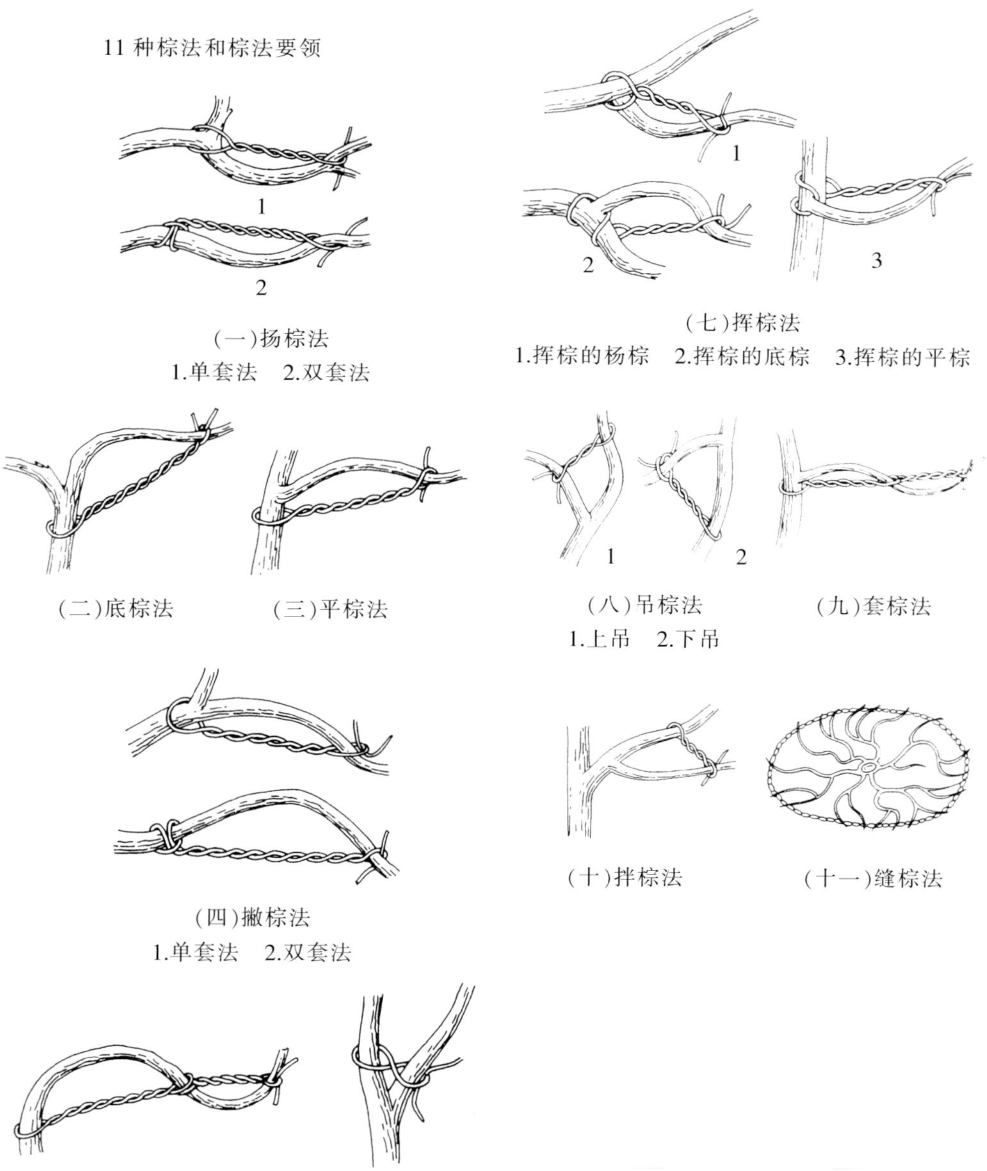

图11　扬派盆景11种棕法

⑧ 吊棕法:分上吊法和下吊法两种。当扎片基本成形,发现枝条下垂,而又无法在本身枝条上用棕整平时可用上吊法,从主干上系棕,将枝条向上吊平。当枝片上翘,而又无法在本身枝条上用棕整平时,可用下吊法,即在主干上系棕,将枝条向下拉平。

⑨ 套棕法:当扎片基本成形,发现枝片或某枝条不十分水平时,可采用套棕法加以调整。系棕后一棕套在已扎好的前一弯的棕弦上,由枝条上方或下方抽出,扎一下弯,使枝条站在竖直方向稍微产生位置变化,达到整平

目的。

⑩ 拌棕法：当扎片基本成形，发现水平面内枝条分布不匀称时，用拌棕法在水平面内调整枝条位置，即在相邻或相隔的枝条上系棕，做左右移位。

⑪缝棕法：当扎片基本成形，发现枝条顶片边缘小枝上翘或下垂，而又无法平整，可用缝棕法加以弥补。一般多用于扎好后的顶片，用一根细棕在顶片边缘像缝衣服一样，将顶端若干小枝连成一圈，使边缘小枝不易下垂或上翘。

以棕扎弯，讲究每棕一结，细扎细剪，藏棕藏结。

2.放胚造型

(1) 剪扎时间：树本造型(放胚)、扎片一般都在植物休眠期进行(10月下旬至翌年3月下旬)，以春季萌芽前为最佳时期。当植物停止生长或枝条木质化后即可进行复片(云片成形后，隔年重复扎片称复片)。

(2) 剪扎顺序：树本造型一般从基部到主干，再到顶片。扎片先顶片，后下片。每片则由主枝到小枝再到枝叶，使枝枝平行而列，叶叶俱平而仰。

(3) 树本造型：为完整表述扬派盆景树本造型剪扎技艺，以杨(瓜子黄杨)为树本材料，以剪扎传统的游龙弯式造型为例，阐述树本造型技法(图12)。

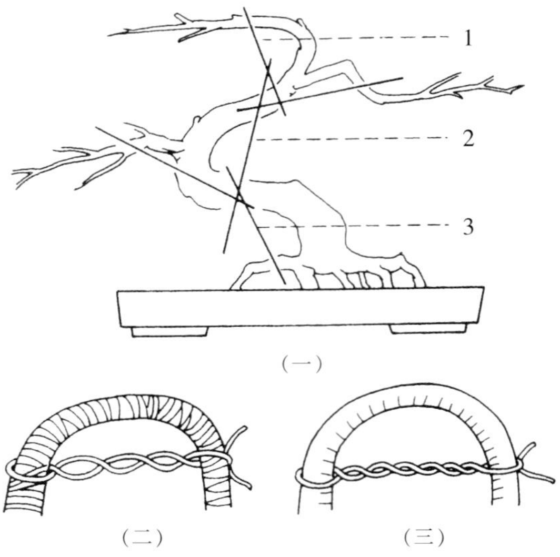

图12　扬派盆景树本剪扎
(一)树本剪扎造型
1.撇棕　2.扬棕　3.底棕
(二)包麻皮扎弯
(三)锯口后扎弯

树本造型剪扎时，将精心选择的树本斜靠在盆口，第一棕用棕线，应用扣套法，尽量扎在主干贴近土面的位置，以使主干下部就近弯曲，然后用底棕法活结扎第一弯，调节棕线松紧，待弯曲状态达到理想时，系成死结，剪去余棕；然后应用扬棕法、底棕法、撇棕法，扎成第二弯、第三弯……弯曲角度大小、方向，一靠创作立意，二靠手腕功底。需造型者功底深厚，应用自如，否则，一不小心则易折断树干。倘若树干较粗或较脆，为防止折断，先在需要弯曲部位缠上麻皮或布条，然后进行弯曲；亦可在需要弯曲的树干或主枝的内侧，用小锯拉几道小口，深度不可超过树干直径的三分之一，然后扎弯。

主干按游龙弯式造型后，根据分枝多寡，选择最佳部位确定顶片，再定中下片。中下片数量视造型立意和分枝多寡而定，1~9片均可，无规定法式。

（4）枝叶扎片：扎片形式万变不离其宗，多为“云片”，如同飘浮在蓝天中极薄的云朵。其中以观叶类的黄杨（瓜子黄杨）、桧柏、紫杉、榆树、银杏等品种尤为突出。一般顶片为圆形，中下片多为掌形。“云片”多寡视其创作立意、植株大小、造型形式而定，为1~9片。1~2层称“台式”，多层称“巧云式”（图13）。小者如碗口，大者如缸口。

图13　扬派黄杨盆景《巧云》

3.云片剪扎

扬派盆景的个性在“云片”,“云片”的布局在立意,立意的实现在树本。在创作扬派盆景佳作时,云片剪扎极为重要。

在树本剪扎的基础上,先将留作顶片的主枝或小枝用底棕法拿弯带平,然后应用平棕法水平状对其进行弯曲,再将第一侧枝向上呈反方向,应用平棕法水平状左右弯曲,形成圆形顶片骨干枝,必要时再用主枝下第二侧枝,甚至第三侧枝弥补空缺;然后因“枝”制宜,应用十一种棕法,使寸长之枝能有三弯,将枝叶剪扎成平行而列,叶叶俱平而仰。圆形“云片”顶片扎成后,再由上而下剪扎中下片。中下片一般留在弯曲后主干的凸部,扎片时先用底棕法,将中央主枝拿弯拉平,然后应用平棕法左右弯曲,使寸长之枝能有三弯,形成骨干枝。随后将侧枝因“枝”制宜应用11种棕法,将其剪扎成掌状“云片”,顶片、中下片剪扎成形,剪去余枝。

4.管理养护

剪扎放胚后,需3~5年才能成形。特别是放胚后第一年,要加强水肥养护,必要时进行荫棚管理。生长期时应及时进行整枝修剪,剪去枝片中向下或向上的小枝,保留侧生枝,剪去树本或根部长出的不定芽或徒长枝。通过修剪,调节枝片疏密,这样既通风透光又可加快“云片”成形。

为使树本、“云片”成形后不留下剪扎痕迹,要及时拆棕;否则容易陷棕,会影响生长,甚至断枝。

5.“云片”复条(复片)

“云片”成形后,每隔1~2年或根据需要,在枝条木质化或休眠期进行复条,以展其姿,使“云片”更丰满。复条的技法如上文所述,运用11种棕法进行剪扎,以恢复其姿。复条时如无客观原因造成损坏,一般主枝仍按原状复条。侧枝或二级侧枝则视疏密强弱加以调整,如有缺损,用临近侧枝加以弥补。

复条时除恢复其姿外,还需应用叶藏棕,使其不露棕丝。

如不按时复条,往往会出现“长荒了”的情况,小枝直立增粗(植物向阳特性使枝条向上),无法平整,甚至无法恢复“云片”状,以致影响作品的观赏价值。

“长荒了”的作品想要弥补,只有剪除直立增粗枝条,培养主枝、侧枝和小枝或不定芽,待逐年增粗后,重新剪扎成形。扬州盆景园黄杨盆景《腾云》即属此法,但耗时十余年其才恢复昔日姿态。

6.另类剪扎

创(制)作扬派盆景诸多树种中,不是所有树种都能剪扎成“云片”,其中唯有桧柏(含变种)、黄杨、紫杉等树种才能体现“云片”特色。其他树种,如松类、榆树、雀梅、檵木等则应用11种棕法进行造型,其枝叶则按剪的手法形成树冠。

扬派盆景艺人不仅要精于剪扎技艺,还要赋有诗情画意,胸有丘壑,即使不用剪扎的树种创作盆景,也应周密思考,以期不日获得“小中见大”的效果。如创作虎刺盆景,对于株距的疏密,树干的高低,安排的位置都需要精心设计,才能有山林茂密之感。

7.桃梅剪扎

扬州人喜将经剪扎的碧桃、梅花,在严冬烘晒,供春节时赏玩。碧桃多为三弯五臂式,梅花多为单干式、三干式、疙瘩式、提篮式造型。

碧桃三弯五臂式剪扎多在春分前,选用二年生苗斜栽于盆中,然后应用11种棕法,按三弯五臂式造型(图14),待放叶后,移至室外进行养护管理,秋末见蕾后,再进行复条,春节前50~70天进房烘晒(保持室温15℃),届时即可放花赏玩。

梅花单干式、三干式、疙瘩式、提篮式剪扎(图15),多在春分前将梅胚应用11种棕法,按上述形式进行造型,待放叶后,移至室外养护管理,入梅时进行复条(此时枝条柔软),春节前15天进房烘晒(保持室温15℃),届时即可放花赏玩。

——摘录韦金笙主编《中国盆景制作技术手册》,韦金笙撰写《扬派盆景制作技艺》部分相关内容。

图14 碧桃三弯五臂式造型

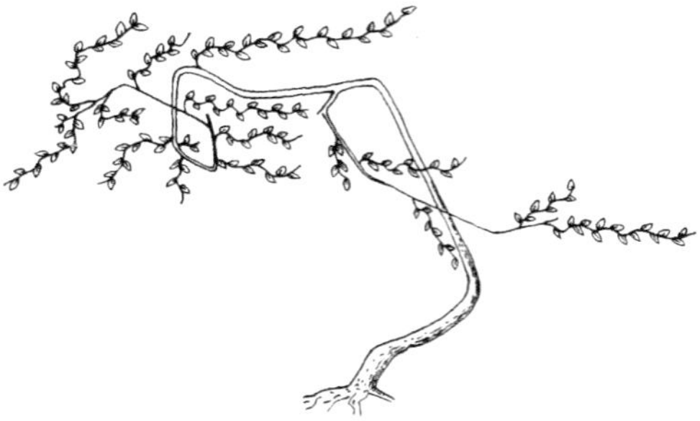

(一)单干式造型

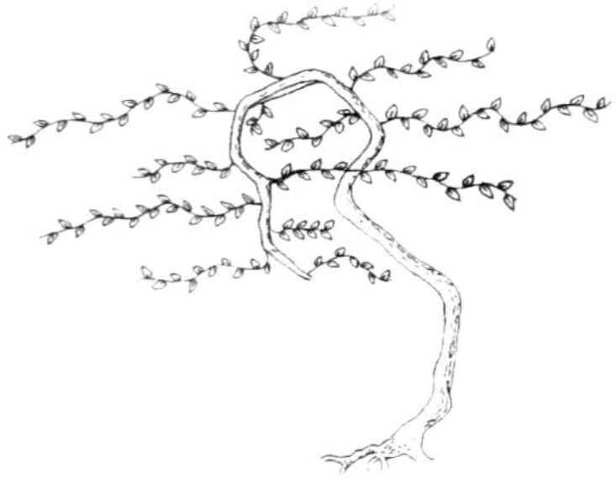

(二)单干式造型

(三)三干式造型

(四)提篮式造型

(五)双疙瘩式造型

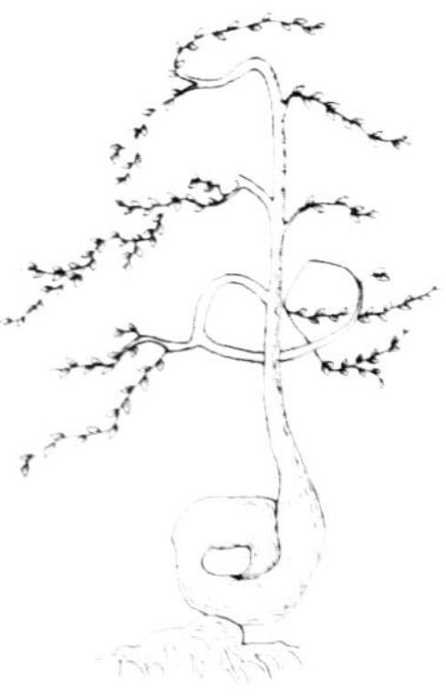

(六)疙瘩式造型

图15　各种梅花造型

三、创新的水旱盆景

（一）艺术特色

盆景是中华民族的传统艺术之一，之所以称为“盆景”(Pen Jing)，就是取其“盆中之景”之意。它不是普通意义上的盆栽树木，也不是随意放置在盆中的石头，而是经过精心艺术构思和技艺加工，布置在盆中的自然景观。因此，在中国盆景中既有表现树木景观的树木盆景，又有表现山水景观的山水盆景，还有就是树木、山水景观兼而有之的水旱盆景。

水旱盆景系树木与山水两大类盆景结合而成，制作的材料既有植物和土，又有石块和水，有时还放置一些小摆件，所表现的是自然界树木、山石、陆地、水面兼而有之的“完整”景观。

水旱盆景在发展过程中，深受中华民族传统文化影响，体现“天人合一”的诗情画意，使其创作的“完整”景观，形成微型的自然景观，具有“立体的画、无声的诗”的特色。

水旱盆景创作的自然美，首先体现在植物上面，无论是树木，还是小草、苔藓，都具有自然的生命，无不显示出一派生机。水旱盆景中的树木多为丛林式，它所反映的植物群落在自然环境中“共生共济，又争又让”的生态机制，体现了自然界生命的存在方式。其所表现的树木群落的林相结构美以及四季变化的色彩美，是其他形式盆景无法比拟的。水旱盆景中的自然美，更体现在采用上述自然材料所塑造出的自然景观上。再现峰、峦、冈、壑、崖、岛、矶、坡等各种山景，江、河、湖、海、溪、潭、塘、瀑等各种水景，甚至名山大川到小桥流水，山林野趣到田园风光，都有所表现。同时水旱盆景还表现不同季节的自然景色。不仅具有生机蓬勃的自然美，亦常因艺术表现需要，放置一些建筑、人物、动物、舟楫等摆件，以表现生活情趣，达到“可望、可行、可游、可居”的意境，创造一种生活美的境界，使观赏者有身临其境之感。

水旱盆景的创作，不是对具体一山一水、一草一木的模仿，而是将大自然的美景进行高度的概括、提炼，使之达到艺术美的境界，犹如立体的山水画。水旱盆景的画境主要体现在布局，布局时需注意主次分清、疏密有致、虚实相生、空白处理、露中有藏、顾盼呼应、刚柔相济、高低相宜、动静相衬、轻重相衡、粗中有细、平中之奇、巧拙互用等要点。以表现景物生动而鲜明的神态和个性,讲究"形神兼备,以形写神"。

水旱盆景以追求意境为最高境界,在有限的空间表现无限的艺术景象。领受景外之情,达到情景交融,景有尽而意无穷的境地,即诗词所表达的境界。创作水旱盆景时,常借用山水诗词作为题材,或根据其所表现的意境进行创作,从而提高作品欣赏价值。并根据其主题和意境,用凝练的文字作为题名,扩大和延伸所达到的境界,增加作品的诗意。

(二)创作技艺要领

1.总体构想

艺术创作离不开构思。在动手制作水旱盆景之前,先有一个总体的构思,也就是中国画论中所说的"立意"。

构思以自然景观为依据,以中国山水画为参考(图 16),贯穿于选材、加工和布局的整个过程中,并且常常会在这个过程中有一定程度的修改。

构思在盆景的创作中十分重要。它对于作品的成败起到关键的作用,千万不可拿到材料就做。

在构思的时候,最好先将初步选好的素材,包括树木、石头、盆和摆件等放在一起,然后静下心来,认真审视,寻找感觉。在有了初步的方案后,再开始加工素材。

图16　中国画谱中"水旱景观"

2.加工树材

树木是水旱盆景的主体，加工素材时一般先加工树木材料。

首先要审视其总体形状以及根、干、枝各个局部的结构等。要从各个不同方向、不同角度来审视，还须看清根部的结构和走向。经过反复审视后，如果找出了树木的精华与缺陷，就可以考虑如何扬长避短，突出精华，弥补缺陷。

树木正面的确定十分重要。从正面看，主干不宜向前挺，露根和主枝均应向两侧伸展较长，向前后伸展较短。主干的正前方既不可有长枝伸出，也不宜完全裸露。主枝要避免对生和平行，并宜从主干的凸起处伸出，而不宜从弯内伸出。

树木栽种的角度也十分重要。在树木的正面确定以后，如果角度不够理想，还须再作调整。可将主干向前后左右改变角度，直至达到理想的效果。角度十分重要，有时角度稍作变动，整株树的精神状态就会大为改观，甚至会带来意想不到的效果。

在树木的正面和角度都确定以后，便可进一步考虑主枝的长与短、疏与密、聚与散、藏与露、刚与柔、动势与均衡等问题，接着可调整内部结构和整体造型。

整姿宜采用攀扎与修剪相结合。整姿方法与树木盆景基本相同。

3.加工石料

水旱盆景用的石料，必须经过一定的加工，才可进行布局。石料的加工方法主要有切截法、雕凿法、打磨法、拼接法等，根据不同的石种和造型去选择。

(1)切截法：指切除石料的多余部分，保留需要的部分，用作坡岸和水中的点石，使之与盆面结合平整、自然。有时需将一块大石料分成数块。用作旱地的点石通常不一定需要切截，但如果体量太大，也可切除不需要的部分。

对于硬质石料，在切截之前，应仔细、反复审视，以决定截取的最佳方案；对于松质石料，一般先作雕凿加工，再进行切截。

切截石料最好用切石机，但须注意操作的安全。松质石料也可用钢锯切截。应注意使截面平整，并尽量不要造成边缘残缺(图 17 至图 19)。

(2)雕凿法：指通过人工雕凿，将形状不太理想的石料，加工成比较理想的形状。这种方法主要用于松质石料，有时也用于某些硬质石料，如斧劈石、石笋石等。雕凿以特制的尖头锤或钢錾为工具，方法与山水盆景基本相同。

图17　切截石料

图18　用作坡岸的石料底部须切平

图19　切石机

雕凿法虽为人工，但须认真观察自然景物，参考中国山水画中的石形及皴纹，力求符合自然。同一作品中的石头，应既有变化又风格一致。

(3)打磨法：指用金刚砂轮片或水砂纸等，对石料表面进行打磨，以减少人工痕迹，去除棱角，或解决某些石料表面的残缺。打磨法只是一种补救的方法，不可滥用。对于自然形态较好的硬质石料，尽量不用打磨法，以保留其天然神韵。

打磨时，可先粗磨，后细磨。粗磨用砂粒较粗的砂轮片，细磨宜用水砂纸带水磨。

(4)拼接法：指将两块或多块石头组合、拼接成一个整体，在水旱盆景中经常使用。坡岸一般均通过多块石料组合、拼接构成，有时点石也采用拼接法，以求得到理想的形态或适合的体量(图 20 至图 22)。

图20　拼接石料

图21　中国画谱中的石头组合之一

图22　中国画谱中的石头组合之二

组合、拼接石头最重要的是具有整体感。首先必须精心选择色泽相同、皴纹相近的石料，然后认真确定接合的部位，不仅要使相接处吻合，更要使气势连贯，最后再用水泥细心地进行胶合。

组合、拼接在一起的石头、既要色泽、皴纹协调，又要有体量、形状的变化，须达到多样统一。

4.试作布局

在加工完毕后，可将全部材料，包括树木、石头、摆件及盆等，都放在一起，反复审视，然后将材料试放进盆中，看看各部分的位置和比例关系，有时也可以画一张草图，这就是试作布局。

试作布局时，要先放主树，然后放配树，再放石头、摆件等。布局必须十分认真，常常要经过反复的调整，对其中的某些材料，可能要做一些加工，甚至更换，才能达到理想的效果。

(1)树木的布局：按照总体构思，在盆中先确定树木的位置。在布置树木时，也须考虑到山石与水面的位置。树木位置大体确定时，可先放进一些土，然后再放置石头，树石的放置也可穿插进行。

多样且统一是布局的基本原则。

一两株树的布局相对比较简单，一般放置于盆的一侧即可。两株树多靠在一起，一主一次，一高一低，一直一斜，既统一又变化。

多株树的布局，则复杂得多。布局形式有许多种，以三株树布局为例，如栽成一线，只统一而少变化，就显得呆板，而随便乱置，则又显杂乱无章。最好的形式是两树统一，一树变化，两树聚而一树散，三株树呈不等边三角形。

要想创作出好的作品，必须以大自然为师，不拘一格。但为了便于掌握布局的基本要求，最好还是区分一下疏林与密林、近林与远林的特点。

疏林与密林的区别在于树木的多少。一眼能看清几株树的即为疏林；反之，则为密林。疏林的布局，尤其是三株树的布局，看似容易，其实要做好最难，因为树木少，都可以看得很清楚，所以既要重视群体的效果，又不能忽视每一株树的造型。密林的布局，则较易隐藏缺陷，对每株树的要求相对较低，但要将许多树木按照一定的秩序组合好，则需要费一番心思的(图23)。

图23　树木的布局

近林与远林的区别主要是透视比例的不同。近林的树木由近至远，主次区别非常明显，每株树均有一定的个性，布局要求将主树置于盆内偏前的位置，主树前面很少有衬树，强调近大远小，同时前树的出树较高，后树的出树较低；远林的树木均在远处，大小悬殊较小，每株树的形态变化也很小，布局注重总体轮廓和空间处理，主树可稍偏后，其前面也可放置衬树，以表现远处丛林的自然特点。在作远林的布局时，还要注意树木的通风与透光，以利其生长。

丛林式的布局，无论有多少树，都是从三株开始的。这三株树就是主树、副树和衬树。主树必须最高最粗，副树相对于主树则矮和细，衬树则最矮最细，当然这都是相对而言(图24至图26)。需要说明的是，三株树的区分应同时考虑高度和粗度，不可以只考虑一项。例如主树最高，但不是最粗；副树虽然次高，但却是最粗，结果还是会出现主次不分的情况。

主树的位置，从盆的正面看，不可在盆中央，也不可在盆边缘，而宜放在盆的左边或右边约1/3处；从盆的侧面看，则宜在盆中间稍偏前或稍偏后处。副树的位置通常在盆的另一边1/3处，衬树则宜靠近主树，但不可并立。

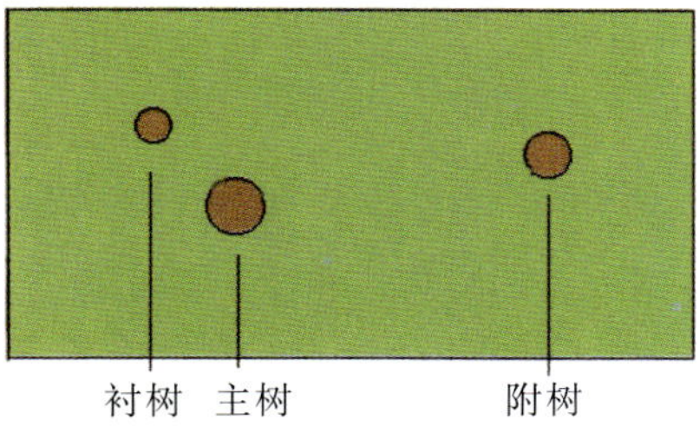

图24 三株树布局平面图之一

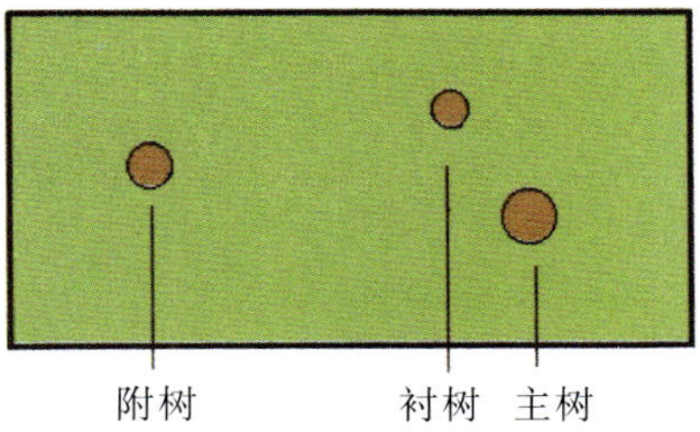

图25 三株树布局平面图之二

图26 丛林式布局

这是最基本的布局，但并不是绝对的，也可以在此基础上做一定范围的变化，但三株树的栽植点连接后必须是不等边三角形，同时整体树冠也应呈不等边三角形。

至于更多树木的合栽，可以三株树为基础，逐步增加。如以五株合栽，可分别在主树和副树的附近各加一株；以七株合栽，可在五株的基础上，分别在主树和衬树附近各加一株。其余则依此类推。

上述做法，实际上就是将原来的三株树变成了三组树，而基本的原则不变，即栽植点之间的连线要尽量呈一个或多个不等边三角形；三株以上的树尽量不要栽在一条直线上，特别是不可与盆边(指方盆)平行而立；栽植点之间的距离不可相等，要疏密有致，呈现出一种节奏和韵律；整体树冠最好呈一个或多个不等边三角形，但轮廓线不要太平直，应有波浪形起伏。

在中国传统绘画中，对于树木的组合有许多经典之作，都可以作为丛林式盆景的借鉴(图27 至图 32)。

图27　中国画谱中的松树组合之一

图28　中国画谱中的松树组合之二

图29　中国画谱中的松树组合之三

图30　中国画谱中的杂木树组合之一

图31　中国画谱中的杂木树组合之二

图32　中国画谱中的杂木树组合之三

丛林式的布局，须留下一定的空间，切忌将盆塞满，同时也不要将所有的景物都呈现出来；要做到露中有藏，才能以少胜多，引起观者丰富的联想；但在树木较少的时候，应使每株树都能从正面看得到。在作远林的布局时，还要注意树木的通风与透光，以利其生长。

在实际的操作中，尤其是在树木很多的时候，由于根系的处理和枝干的安排往往有一定的困难，因此不能完全达到理想的要求。但是，要尽一切可能使盆中所有的树木安定、和谐地组成一个有机的整体。它必须既多样又统一，既合乎自然之理，又富含人的理想，从而使观赏者悠然神往，有身临其境之感。

(2)石头的布局：配置石头时，先作坡岸，以分开水面与旱地，然后做旱地点石，最后再作水面点石(图 33 至图 38)。

图33　布置坡岸

图34　自然界的坡岸

图35　中国画谱中的常见坡岸

图36　中国画谱中的平坡

图37　水旱盆景中的坡岸

图38　水面的点石

石头的布局须注意透视处理。从总体看，一般近处较高，远处较低，但也不可呈阶梯状，还应有高低起伏以及大块面与小块面的搭配，才能显出自然与生动。石头的布局还须与树木协调。

水岸线的处理十分重要，既要曲折多变，又不宜从正面看太长。总之，要做好石头的布局，须多多观察自然界的景观。

点石对地形处理和水面变化起到重要作用，有时还可以弥补某些树木的根部缺陷。旱地点石，要与坡岸相呼应，与树木相衬托，与土面结合自然；水面点石，应注意大小相间，聚散得当。试做布局时，最好将准备安放的摆件，初步确定位置和方向。对于不恰当者，可更换或取消。安放摆件，应注意位置的合理性、与其他景物的比例以及近大远小的透视原则。

5.胶合石头

在布局确定以后，接着可胶合石头，即用水泥将做坡岸的石块及水中的点石固定在盆中。

胶合之前，先用铅笔将石头的位置在盆面上作记号，注意将水岸线的位置尽量精确地画在盆面上，有些石块还可以编上号码，以免在胶合石头时搞错。

水泥宜选凝固速度较快的一种，一般掺水调和均匀后即可使用。水泥宜现调现用，在用量较大时，不妨分几次调和。

为增加胶合强度，调拌水泥可酌情掺进“107 胶”(一种增加水泥强度的掺合剂)，也可全部用“107 胶”调拌。

为使水泥与石头协调，可在水泥中放进水溶性颜料，将水泥的颜色调配成与石头接近的颜色。

胶合石头之前，可将做坡岸的石头作最后一次精加工，包括整平底部，磨光破损面，以及使拼接处更加吻合，然后洗刷干净并揩干。作好上述工作后，再将每块石头的底部抹满水泥，胶合在盆中原先定好的位置上。

胶合石头须紧密，不仅要将石头与盆面结合好，还要将石头之间结合好，做到既不漏水，又无多余的水泥外露。可用毛笔或小刷子蘸水刷净粘在石头外面的水泥(图 39 至图 42)。

图39　将石头的位置在盆面上作记号

图40　将石头的底部满抹水泥

图41　胶合石头须紧密

图42　刷净粘在石头外面的水泥

为了防止水面与旱地之间漏水，在做坡岸的石头全部胶合好以后，需再仔细地检查一遍，如发现漏洞，应立即补上，以免水漏进旱地，影响植物的生长，同时也影响水面的观赏效果。

如采用松质石料做坡岸，可在近土的一面抹上厚厚的一层水泥，以免水的渗透。

6.栽种树木

在布局时，树木是临时放在盆中的，一般并不符合种植的要求。

在完成石头胶合、水泥干了后，须将树木认真地栽种在盆中。

栽种树木时，先将树木的根部再仔细地整理一次，使之适合栽种的位置，并使每株树之间的距离符合布局要求。这一点不可马虎从事，否则将会影响整体效果。

在盆面上栽树的位置处，先铺上一层土（如有排水孔，须垫纱网），再放上树木。注意保持原先定好的位置与高度。如果高度不够，可在根的下面多垫一些土；反之，则需再剪短向下的根。

位置定准后，即将土填入空隙处，一边填土，一边用手或竹签将土与根贴实，直至将根埋进土中，注意不要让土超出旱地的范围，最好略小一点，以便于胶合山石。待山石胶合完毕，还可以继续填土（图43）。

树木栽种完毕，可用喷雾器在土表面喷水（不需喷透），以固定表层土。

7.处理地形

在树木盆景中，一般并无处理地形的要求。但在水旱盆景中，地形处理

图43 栽种树木

却是一项不可忽视的工作，它对于盆景整体的造型起到重要的作用。

待石头胶合完毕后，便可在旱地部分继续填土，使坡岸石与土面浑然一体，并通过堆土和点石做出有起有伏的地形。

点石下部不可悬出土面，应埋在土中，做到“有根”。要做好盆景中的点石，平时宜多观察自然界的“点石”（图44至图45）。

图44 自然界的“点石”

图45　水旱盆景中的土面点石

处理地形应表现景点的特点，使之合乎自然。一般在溪涧式、岛屿式的布局中，地形的起伏较大；江湖式、水畔式的布局中，地形的起伏较小。

做好地形以后，在土表面撒上一层细碎“装饰土”，以利于铺种苔藓和小草。

8.安放摆件

摆件的安放要合乎情理。安放舟楫和拱桥一类的摆件，可直接固定在盆面上；石板桥一类的摆件，多搭在两边的坡岸上；安放亭、台、房屋、人物、动物类摆件，宜固定在石坡或旱地部分的点石上；有时需在旱地部分埋进平板状石块，用以固定摆件(图 46 至图 47)。

图46　安放舟楫摆件

图47 安放人物摆件

固定摆件，须先将安放摆件处加工平整。陶质和石质摆件，可用水泥（最好掺'107胶'）胶合在石头或盆面上，金属质摆件宜用耐水的黏合剂胶合。对于桥、舟一类摆件，可不与盆面粘接，仅在供观赏时放在盆面上。

9.铺种苔藓

苔藓是水旱盆景中不可缺少的一个部分。苔藓可以保持水土，丰富色彩，将树、石、土三者联结为一体，还可以表现草地或灌木丛。

苔藓有很多种类。在一件作品中，最好只以一种为主，再配以其他种类，既有统一，又有变化。

苔藓多生在阴湿处，可用小铲挖取。在铺种前必须去杂，细心地将杂草连根去除。

铺种苔藓时，先用喷雾器将土面喷湿，再将苔藓撕成小块，细心地铺上去。最好在每小块苔藓之间留下一点间距，不要全部铺满，更不可重叠。苔藓与石头结合处宜呈交错状，而不宜呈直线。全部铺种完毕后，可用喷雾器再次喷水，同时用专用工具或手轻轻地揿几下，使苔藓与土面结合紧密，与盆边结合干净利落(图48至图49)。

在铺种苔藓时，还可以栽种一些小花小草，以增添自然气息(图50)。

图48　常用的苔藓

图49　铺种苔藓

图50　栽种小草增添自然气息

10.整理

上述各项工作全部完成以后，可对作品进行最后整理。首先看一下总体效果，检查有无疏漏之处，如发现则做一些弥补。

然后将树木做一次全面、细致的修剪，尽可能处理好树与树、树与石之间的关系，如有需要，还可做一些小范围的攀扎调整。最后用刷子将树木枝干、石头及盆全部洗刷干净，并用喷雾器全面喷一次水，但不要喷得太多，待到水泥全部干透以后，再将旱地部分喷透水，并可将盆中的水面部分贮满水。这样，一件水旱盆景作品便初步完成。经过1~2年的养护管理，作品会更加完善和自然。

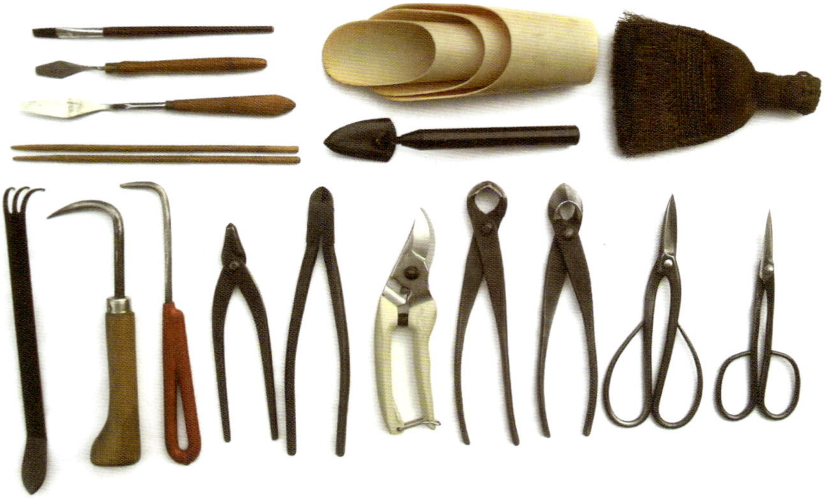

图51　创作水旱盆景的常用工具

——摘录韦金笙主编《中国盆景制作技术手册》，赵庆泉撰写《水旱盆景制作技艺》部分相关内容。

四、写意树木盆景的发展

(一)艺术特色

北宋苏轼(东坡)开创的融诗、书、画、技为一体,寓精工巧思于整体景观之中,以清秀、古雅、飘逸、写意的创作盆景风格,被历代文人墨客所效仿,并流传千载。新中国成立后,特别是“改革开放”以来,在历届中国盆景(评比)展览会和国际重大盆景会议暨展览会的推动下,扬州业余盆景爱好者继承传统,并在继承传统的基础上进行创新,重点发展写意树木盆景。与时俱进,由单一继承传统的扬派盆景,发展形成多元的扬州盆景艺术。

树木盆景是以木本植物为主体,经艺术处理(修剪、攀扎)和精心培养,在盆中再现大自然孤木或丛林神貌的艺术品。不仅欣赏视觉感受到的形象美(源于自然),同时欣赏超越感受,给人以情调联想,移情境界的意境美(高于自然)。尤其以树木盆景的四季变化,不仅体现了春日观花、夏日观叶、秋季观果、冬日观骨的景象,而且形态各异,令人遐思,移情自然,美不胜收。

写意树木盆景则突破工笔画意,以欣赏自然之神功,领略造化之奥秘(源于自然),体会情景之交融,运用联想、想象、移情、思维等心理活动,以大写意绘画手法,创作“神形兼备,情景交融”的艺术效果。突破有限,通向无限,引导鉴赏者达到盆景艺术所追求的最高境界——意境美(高于自然)。

扬州业余盆景爱好者可贵之处是,在与时俱进发展写意树木盆景进程中,不受传统束缚,突破棕丝,以及棕丝、金属丝并用的剪扎的手法,一跃使用金属丝剪扎的手法。并学习提升柏树丝雕制作技艺,创作作品“苍古意境”,融入全国盆景界时尚创作写意树木盆景。由于大力发展写意树木盆景,成为我国少见的既继承传统扬派盆景,又在继承传统基础上创新水旱盆景,并发展写意树木盆景、山水盆景,合力形成多元的扬州盆景艺术,为中国盆景艺术发展作出新的贡献。

(二)创作技艺要领

树木盆景千姿百态,造型式样极其丰富。依照树木主干的形态来分,有直干式、斜干式、曲干式、临水式、悬崖式等；依照盆景中树木的干数分，有单干式、双干式、一本多干式等；由盆景内树木的株树分，又有单株式、双株式、丛林式等；按照盆景某方面的重要特征来分，又有提根式、连根式、垂枝式、飘枝式、风吹式、云片式、疙瘩式、附石式等。

1.树木盆景的创作技艺

(1)棕丝扎法：是我国树木盆景中传统的加工技法。即用棕丝捻成不同粗细的棕线，将树木的枝干扎缚弯曲，改变其原有形态，使之逐步达到我们预期的理想造型。

棕丝加工的方法，是将棕丝系(套)于需要弯曲的枝条下端，随后将两边棕丝相互绞几下，然后置于需要弯曲的枝条上端，打一个活结，慢慢收紧，使枝条弯曲至需要的弧度。满意后，再打成死结。一弯完成后，再扎下一弯。系棕和打结的位置，一般应选在枝节位置，使棕丝不会滑脱。以棕扎弯，重要的是掌握力点，需在实践中逐步总结经验，方能得心应手。在扎主干或较粗的枝条时，如发现硬度较大，为防止折断，应先在枝条上缠上布条，然后再行弯曲。

攀扎的顺序：先主干、后枝条；先大枝、后小枝；由基部到梢部。在扎枝片时，先完成顶片，后完成下片。在每一个枝片中，先扎好中央主枝，然后扎两侧小枝，一侧一侧地完成。每扎一侧，先扎梢部小枝，然后逐枝扎到基部。

棕丝攀扎的方法，在我国江苏、四川、安徽、浙江均有广泛应用。江苏扬派盆景老艺人总结归纳的 11 种棕法，给传授技艺带来了方便。

攀扎后的树木，经半年后基本能够定型，此时需拆除棕丝，防止因陷棕而影响树木正常生长。若拆棕后发现造型尚不够理想，可再次攀扎矫形，直至满意。

(2)金属丝扎法：用金属丝加工树木盆景的方法，较棕丝攀扎快、简便。利用金属丝的可塑性，能够比较随意地改变树木的形态，塑造出优美的形象。无论是盆景创作还是大规模生产，均很适用。

常用金属丝有铜丝、铝丝、铁丝等。粗细型号一般在 8 号至 22 号之间，应根据枝条的软硬程度来选择不同型号的金属丝。

以金属丝扎缚造型，必须掌握一定的操作要领。其顺序同样是先扎主干后扎枝条，先扎大枝后扎小枝。

缠扎主干时，首先将金属丝的一端紧贴树干基部斜向插入盆土，直至盆底。然后由下而上缠绕。缠绕时，顺时针逆时针均可，但金属丝绕行的方向须与枝条扭旋弯曲的方向一致。如此缠绕，金属丝就会贴紧树皮，有利弯曲造型；反之，则会松散无力，影响造型效果。缠绕金属丝时不要太密，也不要太疏，大约与枝条成45°角为宜，每圈距离大致相等，这样受力比较均匀，也比较美观。对于一些树皮较薄的树种，为防止损伤树皮，应在金属丝上预先卷上布条，然后再用它缠扎。

每扎一根枝条，必须先固定基部一端，防止移动。扎时一手捏紧树枝和金属，另一手抓住金属丝的另一端缠绕。对操作者而言，向怀内缠绕时用拉力，向外缠绕时用推力。

金属丝的长度视枝条长度而定，大约为枝长的1.5倍。起端应固定在枝条基部或枝的交叉处。一根金属丝缠绕结束时，也要将末端固定好。

遇到两根枝条生得比较靠近时，可用一根金属丝缠绕两根枝条。这样做，可减少金属丝端头的出现，干净、漂亮，而且定型效果也好。

遇到金属丝缠绕后，因强度不够，不能有效使枝条定型时，可追加一根金属丝同方向缠绕(后一根金属丝应紧挨着前一根金属丝)，然后进行弯曲。

缠扎造型的时间，应避开萌芽季节，因此时缠扎极易碰坏新芽。

扎缚后的盆景，无需特殊照顾，浇水、施肥一如平常。但数月后需观察有无陷丝情况出现，因有些树种生长迅速，枝干逐渐长粗，金属丝会陷入树皮，影响树木生长和观赏。为防止陷丝，必须及时拆除金属丝。拆除的方法，可用尖头断丝钳将金属丝一节一节地剪断，一段一段地拆除；也可以从枝条顶端开始，将金属丝一圈一圈地反方向松缚，拆掉金属丝。拆丝的顺序，必须先拆除小枝上的细丝，再拆除大枝上较粗的丝，最后拆除主干上最粗的金属丝。

(3)修剪法：修剪的方法贯穿于树木盆景生命的始终。无论是单纯依靠修剪来造型的方法，还是攀扎结合修剪的方法，都是通过修剪去除其杂乱和多余的枝条，保留必要的枝条来达到其效果。修剪法是控制造型和调整改造的手段，是促使树木盆景向理想的方向发展的必要过程。

在制作自然式盆景时，大多以剪为主。首先剪去影响美观的枝条和过密的枝条。在需要的位置留待发展的枝条，可用截短的方法，促使再度萌发，长出侧枝，使之逐渐丰满。对于意欲培养成大枝的枝条，可让其生长较长时间，直到达到一定粗度时(这时枝条已长至一定长度)，再行短截。留下需要的长度后，再继续培养。类此反复修剪，就可获得与主干粗细比例相称、曲折而自然的枝条。枝条之间，注意争让和呼应，力求创作出疏密有致的美观树形。

在各种规则式的盆景中，枝干布局确定以后，也必须依靠修剪的方法促使其生长旺盛,形成丰满的树冠及枝片。在树木的生长季节,可以剪去初发枝的一部分,保留下部几个腋芽,待腋芽长成小枝后,再剪去顶端一部分,又让腋芽发展。如此反复修剪,树木枝叶自然会茂盛丰满。

(4) 雕凿和提根:为了创作苍古的树木形象,有时可用木工凿、刻刀及其他工具,剥去部分树皮,凿去一部分木质部,使树木表现岁月造就的沧桑。而繁茂的枝叶又与残蚀的老干虬枝形成鲜明的对比,枯荣并存,别有意趣。雕凿的方法,必须运用得恰当,大多应用于柏树或体量较大的杂木老桩。雕凿效果需符合自然,不可过分做作。

提根的方法可以突出根部的美感。原先种在较深盆中的树木,可以结合翻盆换土,换上较浅的盆,使接近土面的根部裸露出一部分,提高盆景的欣赏价值。裸露达到一定程度,便谓之为"提根"。

提根的具体做法是,结合翻盆换土,将树木从原盆中脱出,用竹签剔除部分泥土,使接近土面的粗根裸露出一部分;然后再在新换的盆中铺上一层泥土,将树木植入,栽种稳固,细心养护。两三年后,再如法适当提根;久之,便能获得理想的提根式盆景。注意,每次提根不能太多;若急于求成,则会拔苗助长,适得其反。

(5) 点石与布苔:树木盆景在经过精心加工、栽植上盆以后,有时还要点石。点石可以弥补构图的不足。例如,在一只长方盆中,树木偏重于一侧,另一侧土面平坦,空洞无物,置上一石,就可以恢复构图的均衡。又如,在悬崖式盆景中,尽管盆的重量足以使盆景稳定,但由于树木垂挂于一侧,在视觉上会令人产生倾倒之虞。若在盆口内树根的另一侧点缀一块山石,立即会使人感到中心稳定。小小山石,却起到了秤杆中秤砣的作用。同时,点石以后,盆景增添了山林气,树石顾盼,更有趣味。

点缀山石,数量上并无规定,但石料的质地、形状、大小、色彩要与树木协调。点石时,有时需将山石埋入土中一部分,使其露出部分,好似破土而出,显得真实而自然。山石的分布,应与树木呼应,与石树有机结合,犹如天生一处,有自然之理,得自然之趣。

布苔,是完成盆景作品的最后一道工序。碧绿的青苔,好似青青的草地,顿时使景观增添了活气。布苔,又掩盖了盆景中一些难以处理的部位的缺陷,使树木与山石结合得宛自天成。布苔还能够保护盆土不至于因浇水而流失。

布苔的方法:事先于阴湿的地面、墙脚铲取新鲜的青苔(铲时带一薄层土)备用,然后将盆土喷湿,将青苔一块块贴上。贴完后喷一次水,置荫蔽处养护。持续保持青苔湿润，十多天后即能成活。对于一些盆土表面较大，又不急于展示的盆景，可采取间隔铺苔的方法，让青苔自行生长，逐步覆盖整个表面。这样长成的青苔，更加美观、自然。

(6) 配盆：在树木盆景中，配盆是一件重要的工作。盆不仅是栽植树木的容器，而且具有不可忽视的艺术价值。得体的盆能使树木的形象更加突出、姿态更加动人。实际上，人们在欣赏盆景时，盆已成为盆景中无法分割的一部分，它和盆中的树木一道，组成优美的构图，产生动人的效果。

树木盆景不仅有各种各样的树种，而且有不同的造型、不同的风格以及不同的表现内容，这些都是选盆时应考虑的因素。一般来说，直干式的树木宜用浅型的长方盆、腰圆盆，有利于表现开阔、深远的景观；悬崖式的树木采用签筒盆，才符合老树虬枝着生于悬崖峭壁的景象；没有明显观赏面的树木，可配圆盆、方盆或六角盆，四面皆可欣赏。从树种来看，苍翠的松柏宜用造型古朴大方的紫砂盆或白石盆；色彩鲜艳的红枫、海棠等，可选用色彩淡雅的釉陶盆……

盆景是我国的传统艺术，具有鲜明的民族风格。盆的形状重在古雅而不求奇特，色彩取其调和而不求艳丽。在长期的盆景艺术实践中，我国的历代艺人不仅创造了多姿多彩的树木盆景，同时也使形形色色的盆钵应运而生。是否善于选盆，也是衡量一个人盆景艺术修养高低的一个方面。

2.金属丝绑扎技艺

金属丝的绑定起固定作用，这种绑扎技艺虽有一定章法，但无捷径。

主干在绑扎时，选用适当型号的金属丝，斜向插入根背部的土壤里，缠绕时紧贴树干皮层，呈 45°至 60°夹角盘旋(图 52)，充分利用金属丝的柔性与张力，稍带手掌压力，按旋钮弯曲方向，一手上绕，一手紧跟后揿，防止金属丝的游动、松弹。对于一些弯曲度大的主干，可先用麻壳、棕片等保护性

图52 金属丝在枝及梢处留出一段作杠杆，便于造型，完成后回压剪除

材料作包裹，以避免皮层扭伤或断裂。金属丝的缠绕方向要与包裹材料的所旋方向及干的扭曲同步(图 53)。这样，在受力时可最大限度地发挥金属丝的握紧力度。对于更粗更硬的干的弯曲，除了利用弯干器外，还可在树干所要弯曲受力的交叉点施行纵向穿刺，使此处的部分木质部撕裂，干体松化柔软，从而便于造型弯曲(图 54)，但此方法应尽量避免。

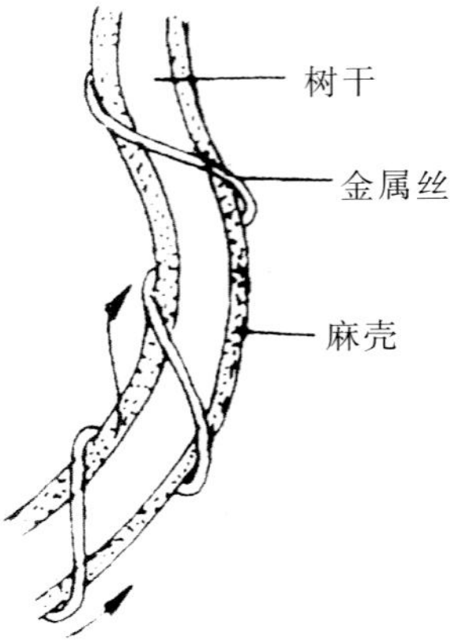

图53　包裹麻壳，缠绕金属丝，枝干的旋扭方向，三者要一致

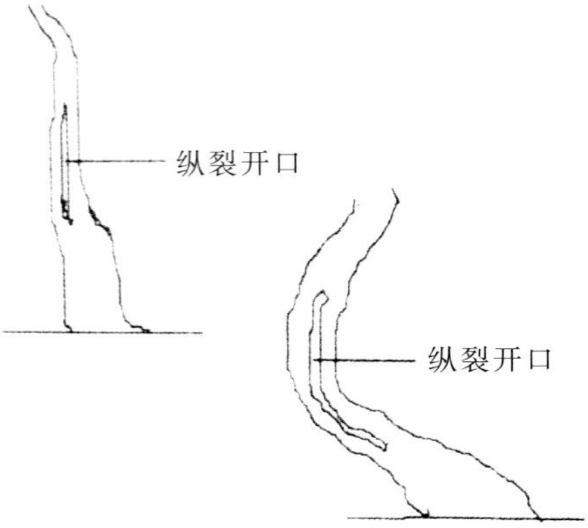

图54　纵裂开口要顺着弯曲方向的平行面进行，如果与弯曲的平面成90°夹角，那弯曲时枝条就会造成折断

另外，也可选取用金属丝吊缚法，将枝干皮层受力处用竹片、布片、胶管等作保护，以免嵌入皮层而造成损伤(图 55 至图 59)。

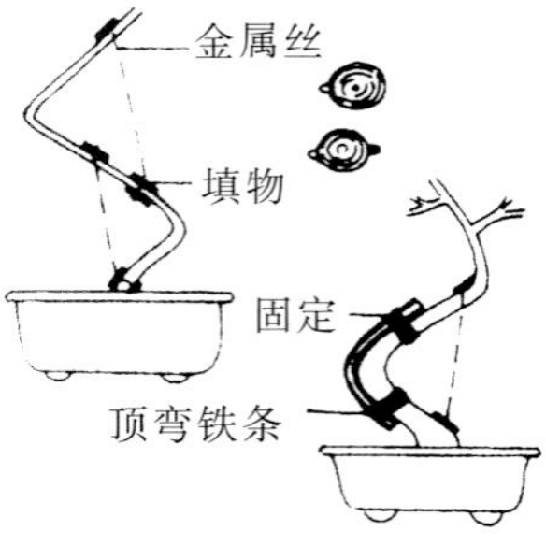

图55　吊缚加固定

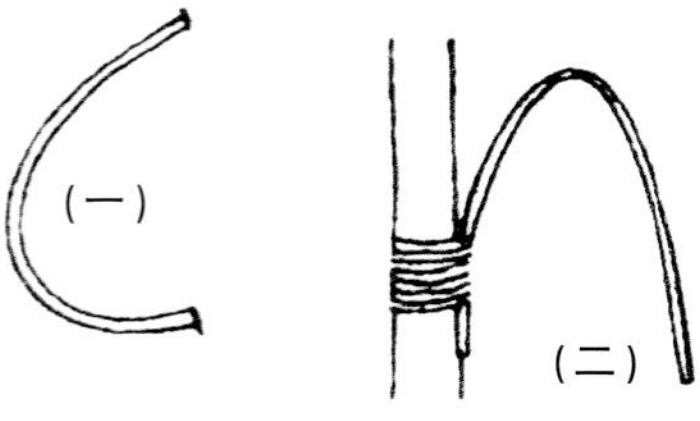

图56　铁条预弯及其固定

(一)6~8 mm铁条预弯成所需弧度

(二)金属丝固定一头

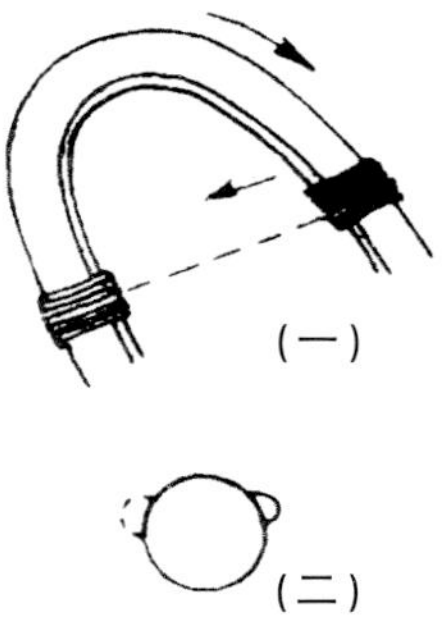

图57 吊缚固定

(一)将枝干弯到与铁条同弧度,吊缚固定

(二)剖面图,干部放1~2根铁条固定

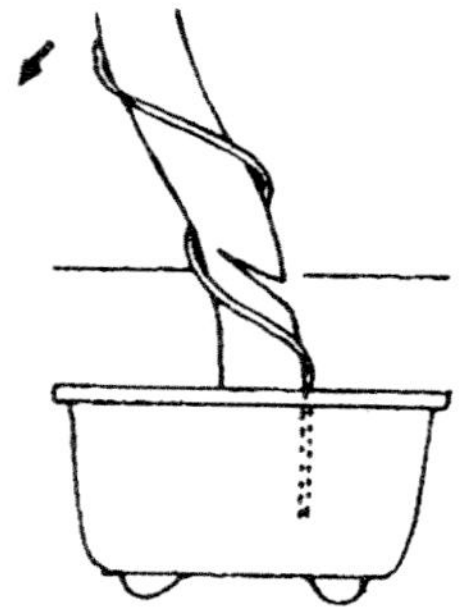

图58 向左弯会掰裂

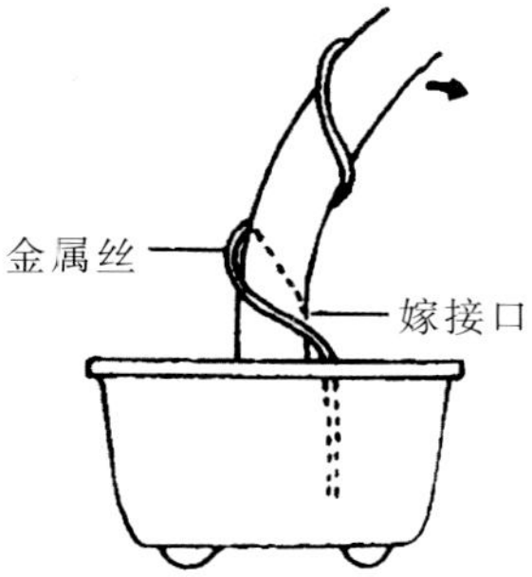

图59 向右弯曲不易掰裂

主干弯曲时,应十指并用,尤其两手拇指需运力旋扭,并且根据干的软硬特性,决定手腕、手掌的用力范围或弯曲角度的深浅,慢慢地、谨慎地朝设计中的弧度递送。对于嫁接成形的主干弯曲要十分注意接口的保护,稍不留神,就会导致愈合口的掰裂。有些时候,干的弧度并不一定能弯曲到位,而要通过几次的提拉适应后,才能达到理想界限。这时,千万不可性急或用力过猛,一旦受力超过树干本身所承受的弹力限度,就会撕裂或折断。如果断裂在三分之一以内,还可设法弥补,待干的断裂处作复位处理后,将材料固定起来,并尽可能不在原位弯曲用力。否则,枝干虽不至于枯萎死亡,但它的生长性能必定受到影响。

如果主干确实无法弯曲作势或达不到理想的要求,可以考虑将主干倾斜至某一动态,或者适当调整种植角度,克服干的僵直不足。造型时,主干的正面曲折要含蓄收腹,似迎合姿态,不能凸肚立胸,往外排斥,显得别扭做作。弯曲的角度从侧面向正面看应与盆边呈30°夹角为宜,避免出现弧面与盆边平行的情况,这样又可增加干的层次厚度(图60)。总之,干的造型要求平中求奇,稳中求险,并于静稳之中传达动态的韵律。

图60 侧看树干厚度

各级枝条的绑扎整形是造型成败的关键。枝的绑扎顺序要按"先主后侧、由下至上、由内至外"的步骤运作,前后左右的枝条要逐步改造,逐层辐射,逐渐完善。枝条的虬曲变化,不只在平面作用,还要考虑到高低起伏。即便如此,所采用的技术步骤也要及时地互为调整。这样,才能很快验证设想中的造型姿态。枝条的处理除了要有意识地安排聚散疏密，还要考虑生理、生态的合理性和造型中所要担负的作用，既要造型的效果，又不会相互干扰、相互掩盖。侧枝的作用还在于调整重心或尺度；互生或对生的枝条，不要出现在同一平面上或同一直线中，要高低错落、参差不齐，以显示出差异。

在实际操作中，常会因许多重叠枝或平行枝而无从下手。其实，处理重叠枝或平行枝的最好方法不在修剪截除，而在于如何调整它们之间的相互关系。有时可以做上下左右的调整，有时可以变换出枝角度，有时通过弯曲度进行长短变化。

图61　枝干弯曲受多种因素影响

由于枝干的自然曲度受生长因素、重力、引力等作用的影响很大（图61），主干凸弯处多是主侧枝的着生点，此部位阳光充足，长势茂盛，出枝有力。造型绑扎时，要多注意层次的衔接、疏密变化和相对平整度，构筑的枝片要起伏跌宕，充满活力，才能配合主干造势。主干的凹弯处多着生辅枝，因透光不足，长势显得瘦小单薄。因此，绑扎时要相对集结细小弱枝，多取厚实，而不能因过分的层次变化忽略了与主侧枝的协调顺从关系，这样会使主枝脱离群体，显得孤傲。

枝条的定型不是一定要靠一两次造型绑扎便能完成，对于细小枝条，因其生长速度快、木质化程度低，一旦拆除金属丝，生长便会失控。此时，必须用金属丝再次整形。整形时的操作方向应和原缠绕方向保持同步，但要避开原始的缚扎痕迹，让造型重新纳入人为控制的轨迹生长；待到一定年限时，枝条就会伸屈自如，达到造型创作的理想艺术境界。

3.特殊操作技艺

在造型过程中，为让树材具备某种自然野趣的品性与特征，常会利用某种工具对树材进行特殊的加工处理，或交换互用各种手艺如劈、凿、雕、刻、撕、磨、碰、蚀、染、灼等，来弥补神态上的缺憾。

（1）劈：用锋利的器具，劈斩树干的多余部位或对某一处部位进行刨面修复与调整，此法易留下人工痕迹。

（2）凿：用木工凿对枝干等进行修饰，使原有平面凹凸起伏。

（3）雕：用刻刀仔细雕琢树材，使枝干古枯空灵，符合自然之理。

（4）刻：与雕的技法相同，刻下年轮印迹等特征。

(5)撕:用虎钳撕脱树皮及纤维组织,如丝状一样,使枝干苍劲有力,自然妥帖。

(6)磨:手工机械的打磨能使加工部位光滑婉转,并掩盖人工痕迹,使创面自然圆润,状若天成。

(7)碰:在表皮处用锤等钝器磕碰,进行人为刺激,造成树瘤疙瘩的奇特现象。

(8)蚀:用酸性物质处理加工木质部位,可以防止此处老化腐蚀。

(9)染:用硫黄等化学合剂涂刷枯老枝干,使其古朴自然,以增强枝干的质感和色彩。

(10)灼:用热量对树材的某一部位进行烘烤或吹拂,来模仿火烧霉生造成的古貌,使之变得自然古朴,极具野趣。

以上仅是一些特殊的加工手艺,真正要获得一盆好的作品,必须通过合理的构思、熟练的造型技法来完善形态和韵味,如此创作才会成功。

4.柏树丝雕制作技艺

柏树是常绿、长寿树种,在我国分布较广,变种较多,树姿也不尽相同,有的高大,有的匍地,叶形更是多种多样。

由于柏树的自然特性比较符合盆景艺术追求的境界而受到人们的喜爱,它以生命力顽强、四季翠绿,浑厚庄重、苍古雄奇、韵味十足的优良风格,成为盆景用材的主要树种之一,在中国盆景艺术中占据了特有的地位,经久不衰。

(1)柏树盆景研究与丝雕手法

柏树盆景在创作过程中,常进行合理的夸张,以体现"苍古意境"。柏树的"枯面景观",盆景界习惯地称之为"舍利干,神枝"。"舍利"一词出自佛教文化,由国外传入,意译为"白骨"。早期被日本盆景界吸收于盆景艺术中,主要依据柏树的特色来表现和衬托"精炼之至"的意境。我国在数百年前就有对盆景创作的"夸张"意识,但在当时范围有限,远没有现在大起大落的展示水平。自国外柏树盆景的创作信息由多种渠道传入我国后,给我国的盆景领域带来了一定的影响,对柏树盆景的研究和创作起到了推动作用。"舍利干"所体现的实质含义:一是"舍利干"的形成和存在,是体现岁月年华的表现,是沧桑的写照,在作品中合理地突出这一点,能恰如其分地展示作品的含义;二是"舍利干"的景观本身存在着许多美的文化意识,有许多的内容值得欣赏和沉思。在创作时,可以充分发挥作者追求美的理念,增加艺术效果,并使其成功,从而使创作者在精神上获得满足。

柏树“舍利干”采用“丝雕”的雕刻手法，“丝雕”一词由台湾盆景艺术家郑诚恭先生提出。早期日本盆景界在创作柏树盆景时，主要是采用机械工具来完成“舍利干”的雕刻。为了达到夸张的效果，他们付出了极大的努力，并取得了成功，由此诞生了许多知名的艺术大师，其艺术的感染力影响了整个盆景艺术界。随着时代的发展，文化意识的提高，人们发现用机械工具创作的“舍利干”有其局限性，它的机械痕迹较重，自然性方面也欠缺。为了完善和提高创作“舍利干”的手法，出现了“丝雕”的雕刻手法。这种方法优于机械手法，并使柏树枯面的景观更富有变化，更细，更自然，把“舍利干”创作的水平提高到了一个新高度。

“丝雕”的手法实质就是使用专用钩刀撕拽柏树的丝路使其变化，以达到所需的艺术效果，故又被称为“手撕法”。但在创作柏树盆景的过程中，全部采用“手撕法”操作强度太大，如与机械工具相结合便能事半功倍。

柏树“丝雕”的构思，应依据柏树材料自身的纹路变化而定，因为每株柏树的纹路是不一样的，如直干式的树坯，其既有直上直下的，也有略带弧线成小弯曲变化的，甚至有的状如云龙缠柱似的。在同一株树中，局部的纹路变化也是多种多样的，所以在创作过程中，要顺其纹路的变化而构思，一切从实际出发，这样创作的效果就较自然，变化的夸张手法就能达到理想的效果。具体丝雕变化的操作，要依据自然界柏树枯面的变化之景并贯穿于创作的思维之中。在实践中，逐步提高丝雕的层次，并总结经验，以达到熟练而富有成效的水平。

如果强行切断纹路，一味地按照主观想象去雕刻，虽会有立体感，但容易造成自然性失真，较为呆板和粗糙，况且难度也不小。同时会使局部木质开裂，时间久后，断裂处的木质会部分脱落，影响观赏的效果。在使用机械工具雕刻时，一定要顺其纹路变化而实施雕刻，否则会影响后期工序以致造成整个创作的失败。力争克服“扒了皮，拉了槽”就算是大功告成的现象。“舍利干”是一种艺术，是一种文化，不可轻视。

在柏树盆景的创作中，应依据材料的不同，造型定位的不同，对待不同形态的树种需“因材施艺”，使树形多样化，风格多样化。

在“舍利干”的创作时，不可疏忽绿色部分的研究，如侧枝条的走向及运动的形式，条点的选择，叶片的处理效果，内结构的合理性等，都相当重要。要提倡盆景艺术的整体性和统一性，不可人为地有意或无意将它们分隔开来，注重“舍利”的分布及表现效果，同时更应提倡绿色部分个性的表现。

柏树由于自身和大自然的共同作用所致，产生枯面、枯枝现象，只要还有生命存在，那么就会产生所供养生命的活的“凸”型皮层现象，这也是柏树个性的重要的特征之一。皮层线路现象，其变化无穷，如同木纹变化一样，令人叫绝。目前盆景界将供给水肥的皮层俗称之为“水线”、“水路”。名称不同，所反映的自然现象是一样的，不管用什么称呼来反映这种现象，同样给我们在创作过程中增加了新的艺术要求。

皮层线路的设计涉及曲直、出奇、沉闷、灵气等方面的艺术反映，而且这种现象是同“舍利干”的艺术效果紧密地联系在一起，其综合展示力在总的艺术效果中占据了相当重要的地位。所以在柏树盆景的创作过程中，一定要全面审视材料的条件，作出皮路、舍利干、绿色部分的整体构思，这三者缺一不可，皮层线路的运动方向原则上要按其木纹的变化而设计，它的宽窄之分也应根据树材的整体条件进行考虑，该宽的要宽，该细的就细，根据侧枝条的选择决定把条点与皮层线路联系起来，以保证绿色部分的正常生长。所以供养水肥的皮层造型艺术性值得我们注意，从根部到顶部都应仔细检查是否合理、美观、健康，以达到较好的艺术效果。

我们在赞美古柏的魅力、在思考创作艺术的定位时，审美观是很重要的。需要自然，但也不能采用纯自然主义，要寻找和创造艺术精彩画面，就要正确吸收和观察自然，找出艺术的价值所在。不能如愿地达到这一目的，就不可能充分提高艺术水平。“我们将不好的东西除去，那么剩下的就是好的了，美的东西就多了”，这句话是很有哲理的，希望读者能从中“悟”出一点道理。

(2)柏树盆景丝雕创作技艺

柏树盆景的创作方法和程序，盆景界还没有统一的标准，各人的技法不尽相同，所使用的工具也不一致。有的采用机械工具进行“开坯下料，雕刻打磨”，但多数赞同应用丝雕手法进行创作。实践证明，“丝雕”手法的优越性是符合自然演变规律的。

柏树盆景丝雕创作程序(图 62 至图 83)：

①创作柏树盆景的工具(部分)(图 62)

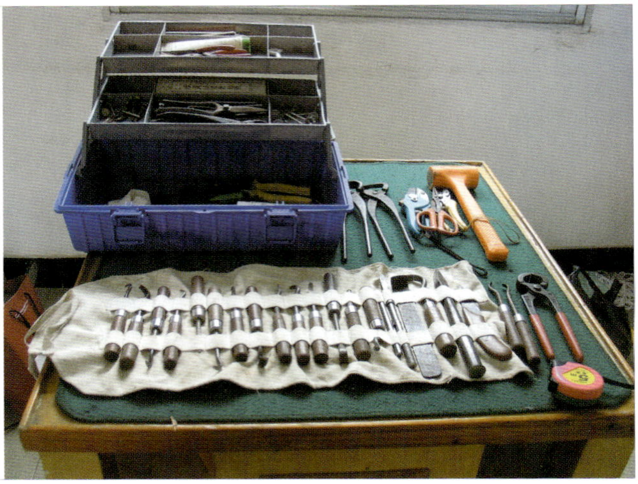

图62　柏树盆景创作工具

②正面：经挑选的刺柏树材，主干直径约30厘米，高度185厘米，主体树干为枯干，正面无“水路”和侧枝，顶部附干直径9厘米，但条点太高，中部以下左侧枝直径4厘米左右，其余为繁杂枝；根部条件较好(图63)。

图63　经挑选的刺柏树材

③背面：背面中部有侧枝两条(图 64)。

图64　经挑选的刺柏树材(背面)

④经仔细观察，在现有的树材条件下，构思造型设计效果图(图 65 至图66)。

图65　设计效果图(1)

图66　设计效果图(2)

⑤造型定位基本明确后,将不需要的枝条剪去。裁减时,原则上不要将基部以上全部剪去,应适当留一段,以备它用(图67)。

图67　裁减枝条

⑥天然枯干(局部),虽是自然但不美观(图 68)。

⑦创作柏树盆景需"因材施艺",并结合自身的条件构思创作"舍利干"的景貌,以体现柏树文化的特征效果,力求达到"沧桑与奋斗"的精神。创作"舍利干"时,要顺其木质部的丝路变化而逐一深化,创作过程俗称为"丝雕"。进行"丝雕"先从梢端锯口面开始,由上而下,用大号钩刀进行操作,先剔除少许的表面层木质部。"丝雕"基本含有两种方式,一种是机械工具使用较多,手工辅之;第二种则相反。本文主要体现手工创作(图 69)。

⑧丝雕"舍利干"开坯时的状况(图 70)。

图68　天然枯干(局部)

图69　手工"丝雕"

图70　开坯时的丝雕"舍利干"

⑨主枯干矮化后的状况(图 71)。

⑩丝雕“舍利干”(图 72 至图 74)。

图71　主枯干矮化后的状况

图72　丝雕“舍利干”(1)

图73　丝雕“舍利干”(2)

图74　丝雕“舍利干”(3)

随着创作不断地深入，需边思考边操作，变换不同的丝雕钩刀，力求达到变化、自然的效果。

主枯干丝雕“舍利”后的实景，从图中可以感到“舍利干”的变化趋向大气，不繁琐，而且流畅和自然，既有变化又交代明了，与原始概貌已完全不同。

图75　使用电动工具进行雕作

作品完成前，作者进行最后的细雕处理。作品完成后，要再次审查“舍利干”部位，细节对于决定大局很重要。

⑪由于造型艺术的需要，根部的处理不能完全用钩刀进行“丝拽”，所以要结合电磨来解决。在使用电动工具时，力求按其自身的丝路进行雕作，尽量要与手工丝雕相协调，富有一致感(图75)。

⑫使用小型电磨工具配以微小钢丝刷进行“舍利干”表面的清理工作，以达到表面层干净利落，纹路清晰。否则

今后使用“石硫合剂”后，表面层会显示粗乱，极不美观。自然产生、自然消失的纹理现象就不可能显示出来。因此，在创作时，要力争达到将丝纹的变化交代干净明了。“舍利干”的美感说到底是由不同的线条来体现的(图76)。

图76　使用小型电磨工具进行表面清理

图77　将附干拉弯

⑬创作“舍利”工作暂时完成后，再进行绿色体的造型。为了方便顶部的剪扎，必须先将附干拉弯(图 77)，让出上部空间。

⑭主梢干的侧枝较多，但条点太高，而且附干也太直，需根据造型作大力度的处理。但此干径有 9 cm 左右，直接拉弯有难度，因此须将其附干内的木质除去，以减少阻力。顺其纹路开槽，宽度可控制在 1.2 cm 左右，槽缝不宜过宽。将细橡皮条顺其附干的上下方向逐一填入附干内(图 79)。再适量加一些铝条与橡皮条混合填实，密度适中，完成后再用宽布带紧紧地缠绕绑紧(图 80)。

图78　附干内腹木质抽空后的状况

图79　将细橡皮条逐一填入附干内(顺其附干的上下方向)

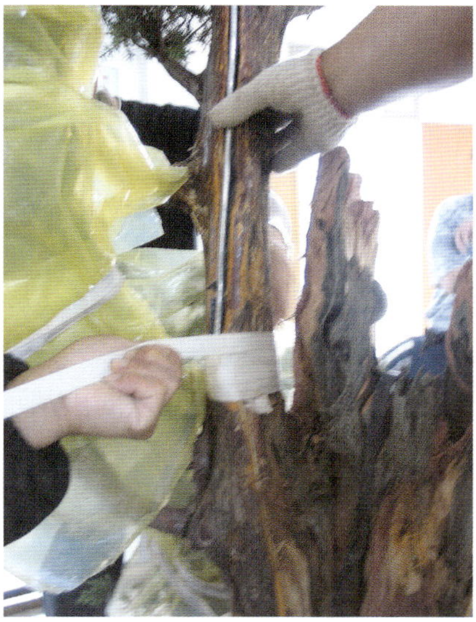

图80　适量加一些铝条与橡皮条混合填实，
密度适中，完成后用宽布带紧紧地缠绕绑紧

⑮在弯曲部绑扎加力棒，以便操作时使用。用“花篮”螺丝，配合进行旋转运动态势，在操作时，力求均衡运行，不可野蛮操作(图81)。

图81 弯曲部绑扎加力棒

图82 用白布带绑扎稍粗的弯曲侧枝

⑯稍粗一些的侧枝条若需弯曲时可用白布带或其他材料将其绑扎，再缠绕铝条进行，侧枝条作下垂态势时，弯曲的角度要小，弧度不要过大，但较粗的枝条若要一次性达到这种要求就较难了，可分数次调整。柏树盆景的造型，枝条采用“长条形”为多，主要突出柏树的洒脱浑厚之感(图82)。

⑰初步造型后的状况，基本上达到了原先设计的效果。随着今后的养护管理和深化提高，其效果定会比目前更加成熟和完美(图83)。

——摘录韦金笙主编《中国盆景制作技术手册》，林凤书撰写《树木盆景制作技艺》、邵海忠撰写《海派盆景制作技艺》、惠幼林撰写《柏树丝雕技艺》部分相关内容。

图83 初步造型后的状况

五、山水盆景的发展

(一)艺术特色

山水盆景的起源，据已知文献记载，当推北宋元祐七年（公元1092年），苏轼(东坡)以龙图阁学士出任扬州太守时,除筑“谷林堂”吟诗作画,还喜作山水盆景,其在《双石》诗引中云:“至扬州获二石,其一绿石,冈峦迤逦,有穴达于背;其一玉白可鉴,渍以盆水,置几案间。”并对入画的山水盆景加以吟咏:“我持此石归,袖中有东海。……置之盆盎中,日与山海对。”另,四川安岳县岳阳镇南宋淳熙至淳祐年间(公元1174—1252年),兴建的大足宝顶山大佛湾摩崖造像,在本尊行化道场由上至下的第二排,本尊弟子供奉群造像中,有一侍女手托山水盆景雕像,与手捧莲花的侍女像并列,至今保存完好,造型生动逼真,比例协调(图84)。

经近千年流传,发展至今已形成以石为主体,通过截取、雕琢、拼配、胶合等手法,配置植物或摆件,在浅盆中注水,典型地再现大自然山水景观神貌的艺术品。山水盆景创作者除亲历名山大川、田园农舍,以“搜尽奇峰打草稿”,源于自然。更是借鉴山水画论,因石(软石、硬石)制宜创作自近山而

图84 岳阳镇南宋大佛湾摩崖造像侍女手托山水盆景形象

望远山之平远的山水盆景；自山前而窥山后之深远的山水盆景；自山下而仰山巅之高远的山水盆景等高于自然的山水盆景。同时还分别以独峰、双峰、多峰、奇峰、大山、岗岭、奇岩、危岩、怪岩、立嶂、峭壁、悬岩、层峦、洞窟、平波、悬瀑、远山、岛屿、矶礁、溪涧、夹谷、陂陀、小径等形式展现不同山水意境，高于自然。

山水盆景虽源于北宋苏轼（东坡）任扬州太守时。（“至扬州获二石……，渍以盆水，置几案间。”）但由于种种原因，扬州盆景工作者创作山水盆景，远不如创作传统的扬派盆景、创新的水旱盆景、发展的写意树木盆景，这方面还有待进一步倡导和强化。

（二）创作技艺要领

硬石，是指山之表层经过长期地质运动与天体间物理、化学、生物等作用，由大到小、由巨到微逐渐“风化”形成的“天然”石块。有的裸露在山表，有的埋入山坡中，也有的随流水冲入沟壑之中……硬石根据产地的不同而有别，各自有特殊的纹理、色彩、形状、神态等特性，是软石所无法比拟的。硬石加工不易，表层天然纹理破坏后很难恢复到原状，一般表层不进行人为雕琢或极少人工加工，只取天然有形者，经锯截、组合而成。它的成形与软石相反，它是一个逐步“加法”的过程（一盆之中有大小众多石块拼凑而成）。硬石从古至今所以得到人们如此钟情，除了大小各有所用、姿态形色各有妙处，还因为它的品格、哲理给人永恒、坚强、无私、纯朴的情感……

硬石不足之处为加工困难、种植不易、好石难求、人为加工痕迹难以统一。

制作山水盆景的石种不少于几十种，主要为沉积岩中的石灰岩类，化石中的硅化木，变质岩中的自然形大理岩、石笋石等，还有风蚀石、海蚀石、火山熔岩等。石种虽如此之多，但都有其共性之处。

英石山水盆景制作技艺

英石属石灰岩，外形变化活泼，表面褶皱繁密，有多种纹理、质硬而脆、背部平坦，颜色有灰黑、青灰、夹白，亦有白色英石，产自广东英德等地；广西产英石色黑。英石作为曲线条石种代表，此类山石外表变化丰富、形态优美、表面纹理（线条）活泼流畅、资源丰富，为重大园林工程用石（包括太湖石、灵璧石等）。

1.挑选材料：首先要根据创作近景还是远景的意图，分别挑选材料。也可在挑选材料中发现某一材料适宜表现何种盆景形式而加以利用。

无论是近景还是远景，保证作品成功一半的必要条件是主峰的确定与选择。一盆作品首先确立主峰，其次是主要配峰，最后是大小配石数量上的占优。主峰必须形态生动、有精神气势、能够统率全局、起率军压阵作用者。主峰的自身比例要恰到好处，然后去找客峰，在形态气势上能与主峰匹配、呼应，在颜色、纹理、格调上变化丰富且统一。其中主配峰（第一配峰）先确定，依次是副配峰（第二配峰）、次配峰（第三配峰），接下来是以下各级配峰，包括山脚、小礁石等要服从主峰及整体构图需要。各级配峰大小、高矮、厚薄、宽窄等要灵活多变，尽可能在数量上占优，多挑多锯，包括小山、礁石、坡滩小三角形的走向都要考虑周全，创作时可随心意去挑选、调换、尽兴发挥，不要因为材料的拮据而影响发挥。

2.锯石：每方山石要从多个角度去审视、比较，根据主峰要求，顺主峰纹理、趋势选合适角度画线锯剖。选好的主峰根据盆的大小决定它的最终高度及姿势角度，它是关系全局的重要所在。近景主峰宜向侧前方倾斜或垂直，不可反向倾斜，根据主峰的形态、构图要求决定主峰的动静姿势及倾斜角度。远景主峰宜垂直（依山石侧面的中心线或该石背后边线的垂直情况）（图 85）。硬石、尤以曲线条石种，靠一刀定局，锯得好坏是作品成败的另一要素，必须要有正确画线、合理锯法，以便获得最佳姿势、角度及高度，并能立稳盆中。大石一刀切不开，可翻动石身从四周切下，要保证切面平整和姿势角度的不变。

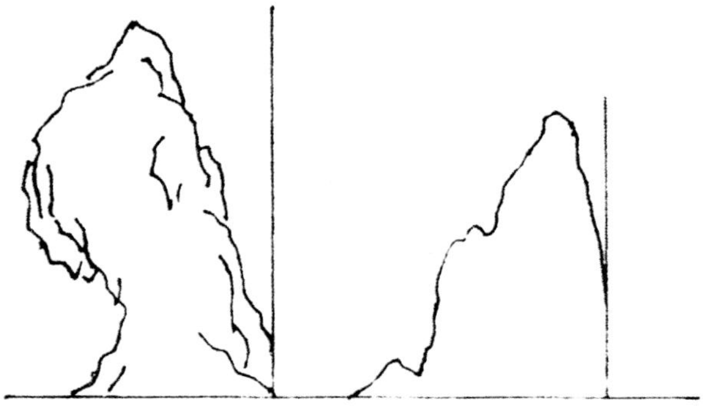

图85　根据主峰的形态、构图决定其动静姿势及倾斜角度

3.组合布置（布局）：先确定主峰的方向及盆中位置，再考虑用“何种形式”，实际是在验证构思中的“设想”。对重心不稳之石或不用锯截的“原装”之石需要吊缚、支撑做好安全保护措施（图 86）。主峰定位后需认真验证配峰关系（构想、选材、锯料时已基本确定了从属关系），第一配峰是陪衬主峰

图86　不锯而重心不稳者用填、撑、吊等方法稳固

的关键，它的默契成为作品衔接以下各配峰的一个要素。接着第二、第三各峰，大小不一，定顺序，根据构图需要跳跃发挥，先看总体概况，再作具体细部修饰。每放一石除了需预先有所设想外，在具体安置时需进一步验证构想(构思)中的推论是否满足了构图中具体的要求，并确定下一步如何处理，回望过去(已布置在盆内的山石)，展望未来，确定下一步如何要求、如何深入下去，认真分析需要何种形态、何种大小的山石才能使构图完美。从表面看，硬石布局如同积木一般，可左右、前后移动，以便更改、满足构图要求，甚至可推翻作新的布置，实际每一步都是在形态探索中寻求最佳方案，都是在充实艺术语言。

一盆之中，主峰朝向的画面中心处，为视点中心，也是全局构图中心、精华所在，必须精心加工，重点布置，其余各处围绕主题而发挥，去衬托主体，又要协调呼应。近山主峰高大，山脚可简洁一点，不然会冲淡了上部主峰所包含的意图。远山主峰相对低矮，全局要低排衬托出主峰的外形格调，也只有其余峰的低矮才显出主峰的突出，远山的山脚内容变化亦多，符合它文静、秀丽的特点。

4.清洁石身：山石表面有风化杂质，清洁后水泥才会胶牢。方法一，可用稀释的盐酸或草酸腐蚀表面，必须注意配比浓度，一般先将山石投放容器中，注清水将山石盖没，再倒入酸液泡洗。方法二，可用钢刷清洗除去表面风化粉尘。两者均需在清水中漂洗清净、沥干以待用。清洗前把各石布置在衬纸上的底面形状勾画好，双方编号，胶粘时对号入座，避免发生偏差而损害原来图像。因为原来图像是经过认真仔细、深思熟虑后定局的，是经得起推敲抨击的，如若胶粘时随意更改，肯定会损害原意，这是不负责的表现，一定要防止出现这种情况(要改必须在胶粘前完成)。

5.胶合:一盆作品由若干方山石组合而成。大型盆景用料块数更多,如不去用水泥材料把它们固定下来,则山石易摔倒、散失,一旦移动便会失去原意,短时间内无法回复到原作精心设计的局面。为了把精心布置的作品永久固定下来,必须把它们牢牢地连成一体(或分成几组),把作者的情感、叙述的艺术语言凝结成“诗”,艺术有时要定格于某一瞬间的最精彩之处,以便留给后人欣赏(包括收藏与保管)。

一切准备工作就绪后便可胶粘,先立主峰(底部抹上水泥),后粘一(主配峰)、二(副配峰)、三(次配峰)配峰,先后再前、先大后小、先左后右、先主后次,循序渐进。在它们底部及山石相互接触处均匀抹上水泥,保证原有姿势、角度、位置,保证勾缝处水泥吻合,既要减少缝隙又要注意结构强度(相接触两石间面积大小,需要时用第三石在不影响造型姿态下贴补)。为防止水泥沾污石身,可用清水一盆、油画笔一支挤干水仔细刷净,待水泥半硬时刮(刻)出类似山石表面凹凸纹理,置通风、阴凉处,注意喷雾保养;待水泥干硬后种上相匹配植物,一般选遒劲小巧、比例合适的树桩(种植穴在布局时已作安排)配上摆件作品便成功了(微型、小型山水盆景在盆内布置妥帖后直接用502等快干胶滴入山底及相互接触缝中固定在盆内)。

——摘录韦金笙主编《中国盆景制作技术手册》,汪彝鼎撰写《山水盆景制作技艺》部分相关内容。

六、佳作赏析

(一)传统的扬派盆景

1.《明末古柏》

树种:桧柏　规格:树高 66 cm　树宽 150 cm

收藏者:扬派盆景博物馆

该作品原为扬派盆景明末遗物,新中国成立后移交扬州盆景园时已"长荒",后经盆景艺人精心养护和剪扎,已再现昔日风采。树本屈曲如虬龙,树皮仅余三分之一,苍龙翘首,头顶一片应用"一寸三弯"棕法将枝叶剪扎的云片,枝繁叶茂,青翠欲滴,犹如高山苍松古柏。

注:该作品于 1987 年夏因施肥不当而枯死。

《明末古柏》

2.《明末遗风》

树种:桧柏　规格:树高 83 cm　树宽 200 cm

收藏者:扬派盆景博物馆

该作品原为扬派盆景明末遗物,新中国成立后移交扬州盆景园时已“长荒”,并残缺一云片,后经盆景艺人精心养护和剪扎,已再现昔日风采。特别是近十余年来剪扎时,根据遗存明、清扬派盆景剪扎艺术风格研究成果,一改“将云片剪扎演化成水平状”的情况,云片加厚,中略微凸,更接近山巅翠柏之“云片”,还其原有本色。

《明末遗风》

3.《明末遗韵》

树种:桧柏　规格:树高 85 cm　树宽 180 cm

收藏者:扬派盆景博物馆

该作品原为扬派盆景明末遗物,新中国成立后移交扬州盆景园时已“长荒”,并残缺一云片,经盆景艺人精心养护和剪扎,已再现昔日风采。特别是近十余年来剪扎时,云片加厚,中略微凸,更接近山巅翠柏之“云片”,使作品既保持昔日风采,又体现雄秀兼备的特色。

《明末遗韵》

4.《龙腾》

树种:龙柏 规格:树高 130 cm 树宽 158 cm

收藏者:扬派盆景博物馆

该作品原为扬派盆景明末遗物,新中国成立后移交扬州盆景园时已"长荒",经科技人员和盆景艺人略作修剪形成自然型云朵,别有一番情趣,始终保持云朵状,自然得体。从该作品树本,主枝造型,佐证了扬派盆景自明代开创风格,清代形成流派,新中国成立后继续发展历程,成为扬派盆景发展史活的见证。

《龙腾》

5.《虎跃》

树种:龙柏　规格:树高 120 cm　树宽 160 cm

收藏者:扬派盆景博物馆

该作品与《龙腾》同为扬派盆景明末遗物,并为一对,经历 300 余年风风雨雨仍举案齐眉,永葆青春,实属不易。其中饱含几代人的心血和汗水,更需后人精心养护管理,让活的见证代代相传。

《虎跃》

6.《横空出世》

树种:桧柏　规格:树高 88 cm　树宽 130 cm

收藏者:扬派盆景博物馆

该作品原为扬派盆景清代中期遗物,新中国成立后移交扬州盆景园时已“长荒”,经盆景艺人精心养护和剪扎,已再现昔日风采。该作品树本造型时,略作虬曲,体现古柏之雄健精神,并有序布局层层云片,其章法似乎还扬派盆景开创风格之本意。

《行云》

11.《凌云》

树种:黄杨　规格:树高 34 cm　树宽 110 cm

再创作作者:吴玉林、万鹏

该作品原为扬派盆景清代后期遗物,新中国成立后由扬州市园林管理所从民间张氏手中收购,后移交扬州盆景园养护,经再创作者精心养护和剪扎,始终永葆青春,实属不易。该作品主干自幼按游龙弯式造型,剪扎成蹲状舞姿,并舒展二水袖,柔美潇洒,为扬派盆景台式典型佳作。

1997 年荣获"第四届中国盆景评比展览"一等奖。

《凌云》

12.《碧云》

树种:黄杨　规格:树高 80 cm　树宽 90 cm

再创作作者:倪国俊

该作品自幼栽培时,选用双本合栽,并绕一如意结,经多年栽培,愈合形似独本双干,再经精心养护和剪扎,形成既苍古又生机盎然的巧云式佳作。扬派盆景的美感在"云片","云片"美感在挺拔,挺拔实现在功底。该作品通过深厚功底,体现"云片"挺拔美。

1997 年荣获"第四届中国盆景评比展览"一等奖。

1999 年荣获"中国'99 昆明世界园艺博览会"金奖。

《碧云》

13.《绿云》

树种:刺柏　规格:树高 45 cm　树宽 80 cm

收藏者:竹西公园

扬派盆景在继承传统基础上进行创新,贵在冲破"自幼栽培"手法,选用自然形成多姿(残)树桩,按传统棕法将枝叶剪扎成云片,以缩短成形年限,该作品即为成功之作。同时上侧枝吸取自然型造型手法,增添飘逸情趣。

1997 年荣获"第四届中国盆景评比展览"一等奖。

《绿云》

14.《铁骨峥嵘》

树种:桧柏　规格:树高 83 cm　树宽 150 cm

再创作作者:陆春富

该作品原为扬派盆景清代中期遗物,新中国成立后移交扬州盆景园时已"长荒",经作者精心养护和剪扎,特别是补齐昔日出片处云片,实属不易。该作品树本虬曲流畅,云片层叠飞舞,成为扬派盆景柏类巧云式典型佳作。

1997 年荣获"第四届中国盆景评比展览"二等奖。

《铁骨峥嵘》

15.《青云》

树种:黄杨　规格:树高 42 cm　树宽 150 cm

再创作作者:窦永源

该作品原为扬派盆景清代后期遗物，新中国成立后移交扬州盆景园养护时已“长荒”,经再创作者精心养护和剪扎,仍保持过桥式造型。过桥式造型分上过桥式和下过桥式两种,此作品为上过桥式,通过压条手法使两株相连,形成过桥,此种类型已不多见。

1997 年荣获“第四届中国盆景评比展览”三等奖。

《青云》

16.《彩云》

树种:黄杨　规格:树高 65 cm　树宽 185 cm

再创作作者:陆春富

该作品原为扬派盆景清代中期遗物，新中国成立后移交扬州盆景园养护时已“长荒”,经再创作作者十余年精心养护管理和复原,又焕发青春,并在原自幼剪扎卧干式造型古桩基础上,保留“舍利干”,并另立一云片,弥补中缺,使其造型完整,形成具有飞舞之美的巧云式佳作。

2001 年荣获“第五届中国盆景评比展览”一等奖。

《彩云》

17.《苍龙出谷》

树种:桧柏　规格:树高 75 cm　树宽 130 cm

再创作作者:陈勇

该作品原为扬派盆景清代中期遗物，新中国成立后移交扬州盆景园养护时已“长荒”,并早已残缺三云片,经再创作者精心养护和剪扎,保留右侧一残枝后补左侧一云片,使残桩完整,为弥补根颈处空缺,下垫片石,犹如石中古柏显世。

2001 年荣获“第五届中国盆景评比展览”一等奖。

《苍龙出谷》

18.《祥云》

树种:黄杨　规格:树高 29 cm　树宽 102 cm

再创作作者:步瑞平

该作品原为业余盆景爱好者收藏赏玩,经收购移交个园养护,后经再创作者精心养护和剪扎,锦上添花,特别是应用 11 种棕法剪扎的云片,挺拔柔美,与收购前相比,判若两物,可见剪扎功底之神妙。

2001 年荣获"第五届中国盆景评比展览"二等奖。

《祥云》

19.《飘云》

树种:黄杨　规格:树高 110 cm　飘长 60 cm

作者:杜晓波

该作品运用扬派盆景技艺,通过扬派盆景技艺的 11 种棕法精心创作而成。经十余年的剪扎、复片,现已达到成熟时期,继承传统又不失创新。飘逸自如,大气磅礴、有如高山流水行云直下之势。

2005 年荣获“第八届亚太地区盆景赏石会议暨展览会”银奖。

2008 年荣获“第七届中国盆景展览会”继承传统奖。

2010 年荣获“广州国际盆景邀请展览”金奖。

2012 年荣获“第八届中国盆景展览会”银奖。

《飘云》

20.《飞天伎乐》

树种:黄杨　规格:树高 34 cm　树宽 102 cm

作者:沈晓阳、杨文磊

该作品树龄约五十年,造型采用传统的扬派盆景技艺,层次分明,又略有变化。主干弯曲,收放自如,犹如古代伎女之舞蹈。

2010 年荣获"东沃杯中国盆景精品邀请展"精品奖。

2012 年荣获"第八届中国盆景展览会"铜奖。

《飞天伎乐》

21.《追云叠影》

树种：黄杨　规格：树高 110 cm　树宽 70 cm

作者：杜晓波

该作品选用一株十多年树龄黄杨，运用扬派盆景技艺精心制作而成。既体现传统又不失动感，主干弯曲，云片平稳协调，突出“层次分明、严整平稳”的原味，有如天空中朵朵云彩相互追逐、静中有动的感觉。

2011 年 10 月荣获“江苏省第七届园博会（宿迁）”金奖

2012 年荣获“第八届中国国际园林花卉博览会中国盆景艺术展览”金奖。

《追云叠影》

22.《翠羽》

树种:矮丛紫杉(枷罗木)　规格:树高 45 cm　树宽 125 cm

作者:蒋长林

矮丛紫杉树态端丽,枝叶浓密,色泽苍翠,是扬派盆景新树种。该作品树本应用游龙弯式造型,上置顶片,前后凸处分布四云片,形成典型巧云式佳作。因矮丛紫杉为两列羽状复叶,叶绿而有光泽,用其创作扬派盆景比用罗汉松树种创作扬派盆景,更具优势。

《翠羽》

23.《流云》

树种:黄杨　规格:树高 55 cm　树宽 84 cm

再创作作者:万瑞铭

该作品原为扬派盆景清代后期遗物，新中国成立后移交扬州盆景园养护时已“长荒”,经再创作者多年精心养护,在原树本出片处再现云片,并巧妙组合形似流云,静中有动,可见作者再创作养护、剪扎之功底。

《流云》

24.《瑞云》

树种：黄杨　规格：树高 42 cm　树宽 115 cm

再创作作者：陆春富

该作品原为扬派盆景清代后期遗物，新中国成立后由扬州市园林管理所从民间张姓人氏手中收购，后移交扬州盆景园养护，经再创作者精心养护和剪扎，始终永葆青春，实属不易。该作品由两株合栽形成整体，并通过游龙弯式造型降低高度，形成具有逸秀之美的台式佳作。

《瑞云》

25.《飘云》

树种:黄杨　规格:树高 38 cm　树宽 115 cm

再创作作者:陆春富

该作品原为扬派盆景清代后期遗物,新中国成立后由再创作者因材制宜,通过压条手法,将其改造形成下过桥式造型,此种类型已不多见。

《飘云》

26.《端云》

树种:黄杨　规格:树高 12 cm　树宽 125 cm

再创作作者:蒋长林

该作品原为扬派盆景清代后期遗物，新中国成立后扬州市园林管理所从民间张姓人氏手中收购，后移交扬州盆景园养护。该作品通过游龙弯式造型进行矮化，并在阳(凸)弯处各放一云片(祖宗家法),但收购时此两云片已成残枝。为弥补残缺,再创作者加大顶片,使其形成台式佳作。

《端云》

27.《陵云》

树种：黄杨　规格：树高 25 cm　树宽 50 cm

作者：田冬

该作品体现"广陵好风景，只待慧眼识。缭绕话河川，漫步于云端"的一种景象。

《陵云》

28.《龙云》

树种:黄杨　规格:树高 60 cm　树宽 110 cm

作者:翁朋太

该作品继承传统扬派盆景技艺,自幼培植,主干龙游弯到顶,弯度变化有序。逢弯展片,云片平薄,大小疏密搭配到位。具有"层次分明,严整平稳"的特色,又不失风韵雅致。该作品曾多次被瘦西湖风景区用作厅馆布置,受到广大游客的青睐,他们纷纷留影纪念。

《龙云》

29.《峰云》

树种：黄杨　规格：树高 39 cm　树宽 86 cm

作者：翁朋太

该作品取材粗壮，并觅太湖石衬托，其根伸至穴中，呈咬定青山不放松之势。其主干变化有序，弯曲自然微带龙游形。云片蓄有“天高任鸟飞，际阔任枝展”的豪情，又涵崇山峻岭，高耸山峰之壮志。作品意取于自然，具有“鸟啼空旷远，林壑风雨涛”之感。

《峰云》

30.《峭云》

树种:黄杨　规格:树高 33 cm　树宽 98 cm

作者:翁朋太

该作品主干壮实,云片有力,枝条趋附一方,突破重心居中的创作理念。取意于黄山峭壁中的异形奇松,具有高山远眺、蛟龙探海之势。云片呈现出恋奇峰绕、枝盘半壁腰的态势,有一种动感、美感,似一幅无限风光在险峰的风景画。

《峭云》

31.《莫云》

树种:黄杨　规格:树高 40 cm　树宽 78 cm

作者:翁朋太

该作品抓根盘结,提根附石,游龙干至顶,示龙卷风之威。枝条简洁,具有大漠之魂、胡杨坚不可摧的韧性。该作品个性鲜明,具有戈壁沙丘畔、天蓝林寂寒之感。

《莫云》

32.《舞云》

树种：黄杨　规格：树高 30 cm　树宽 80 cm

再创作作者：于斌

该作品原为扬派盆景民国时期一名家遗作，作者于 20 世纪 80 年代初期在民间收购时已“长荒”，经再创作者十余年精心养护和剪扎，已“复原”扬派盆景云片特色，并焕发青春。该作品云片婀娜多姿，婆娑舞动，饶有云莺飞舞之状。

《舞云》

33.《珠围翠绕》

树种：枸骨　规格：盆长 65 cm

作者：林凤书

该作品采用传统的扬派盆景棕丝剪扎技法，经多年加工而成。该盆景树桩古老，枝叶加工成层层“云片”，叶色苍翠欲滴，果实鲜艳圆润，好似玉盘之上，红珠灼灼。整体造型平稳而又壮观，配上海棠形的白矾石盆，显得富丽堂皇。

《珠围翠绕》

(二)创新的水旱盆景

34.《古木清池》

树种:榔榆　石种:龟纹石　规格:盆长 145 cm

作者:赵庆泉

该作品采用水旱盆景的形式,以数株大小不一的榔榆(主树树龄约 50 年)、龟纹石和浅口水盆为主要材料。在布局上,主树临水,最为突出,配树则与之呼应;山石分开水面与旱地,并与树木形成对比;坡岸高低起伏,水岸线曲直蜿蜒。整个作品力求做到既多样又统一,表现出水畔古树的自然美景。

1997 年荣获"第四届中国盆景评比展览"一等奖。

1999 年荣获"中国'99 昆明世界园艺博览会"大奖。

《古木清池》

35.《秀色可餐》

树种：紫薇　石种：英德石　规格：盆长 90 cm

作者：林风书

该作品将观花类的树种用于水旱盆景中，别具特色。此盆景中仅种一株紫薇，但干粗、枝繁、叶茂、花盛，树冠四展，孤而不单。水岸边的英德石，形态美观，皱纹丰富，与树木相得益彰，构图美观色彩协调。静寂的水面倒映出花树倩影，意境深邃，秀色可餐。

1985 年荣获“第一届中国盆景评比展览”一等奖。

《秀色可餐》

36.《柳村诗话》

树种：柽柳　石种：石笋石　规格：盆长 120 cm

作者：林凤书

该作品以一组高不盈尺的柽柳描绘出引人入胜的柳林风光，树态苍老，枝叶婆娑，高低错落，疏密有致。水岸边，青绿色的石笋石或竖或卧，形成舒展的平坡；柳树下，两皓首老翁促膝而坐，不知是在吟诗作赋，抑或是在娓娓叙旧。柳林深处，远见茅舍数间，炊烟飘渺，境极幽静。村外秀水环绕，白鹅游弋，景色迷人。

1989 年荣获“第二届中国盆景评比展览”二等奖。

《柳村诗话》

37.《游龙戏水》

树种：雀梅　石种：龟纹石　规格：盆长 150 cm

作者：汪波、杜晓波

该作品选用疑似二株交柯盘绕、实为连理同株，为难得的雀梅老桩，因材而宜，用龟纹石构筑成水涧，烘托山野林间以木为桥的景观，其外观又形似游龙戏水，故得其名。其景其名别出心裁，相映成趣。

2001 年荣获“第五届中国盆景评比展览”一等奖。

《游龙戏水》

38.《清泉石上流》

树种：五针松　石种：龟纹石　规格：盆长 70 cm

作者：孟广陵、施爱芳

作品取唐人王维诗意，以多株多芽五针松与一些皴纹平淡的龟纹石为主要材料，表现出深远的境界。作品上层以茂密松针为冠；中部以直干为骨架下层盆盎处留白，拳石叠现出曲折水面，结构严谨。松之高古、泉之柔美、石之拙朴为作品画意所在，石上清泉则更为点睛之笔，动静之间，三者浑然一体。

2001 年荣获“第五届中国盆景评比展览”一等奖。

《清泉石上流》

39.《小桥流水人家》

树种：黄杨　石种：龟纹石　规格：盆长 150 cm

作者：赵庆泉

该作品结合树木与山水两类盆景的技法，选取形态富于野趣的黄杨和质朴自然的龟纹石为材料，在 150 cm 长的椭圆形浅石盆中，表现了山野农家、石桥溪水的自然景色。在布局上，树木与山石穿插变化，水面与旱地相映成趣。作品主次分明，虚实相生，生动活泼，富有韵律感。

1987 年荣获“第一届中国花卉博览会”佳作奖。

《小桥流水人家》

40.《垂钓图》

树种:雀梅　石种:龟纹石　规格:盆长 120 cm

作者:赵庆泉

“老渔翁,一钓竿,靠山崖,傍水湾,高歌一曲斜阳晚。”《垂钓图》以几株形态古朴的雀梅及纹理平淡的龟纹石,在水盆中表现了这种诗情画意。

作品应用多种表现手法,达到既多样又统一的艺术效果。作者采用综合式布局形成,左侧旱地部分为主景,树木较大;右侧为一小岛,与主景相呼应;后面是一远山,使水面显得深远;水面上点缀了若干小石块,虚中有实,自然气息浓厚。

1989 年荣获“第二届中国花卉博览会”一等奖。

《垂钓图》

41.《春水泛舟》

树种：榔榆、石榴　石种：龟纹石　规格：盆长 120 cm

作者：赵庆泉

该作品以榔榆和龟纹石为主要材料，表现了春日江南的湖光山色。布局采用了传统中国画的常用手法：近树高耸，远山低排，中间水面上一叶扁舟……整个画面虚实相生，轻重相衡，动静相衬，犹如一首清新的田园诗。

该作品原为1997年“第四届亚太地区盆景赏石会议暨展览会”示范表演的即兴创作，后经多次修改及数年培育而成。

《春水泛舟》

42.《山村风情》

树种:真柏　规格:盆长 120 cm

作者:邢升清

该作品为九株真柏合栽。主次分明,疏密得当,高低参差,错落有致,有露有藏。树与石配合默契,连为一体。点缀牛、桥等小件,很好地表现出山村野趣。

2010 年荣获“第七届中国国际园林花卉博览会”铜奖。

《山村风情》

43.《烟波图》

树种:小叶女贞、石榴 石种:龟纹石　规格:盆长100 cm

作者:赵庆泉

该作品右侧为主景,以两株小叶女贞与数株小石榴构成一组疏朗有致的丛林,四周配上形态古朴的龟纹石,形成小岛状;左旱地是一片弧形的小石榴丛林,与主景相呼应;中间及后方是大片水面,上有一叶小舟,两三块点石,显得虚中有实;后方是一组低矮的远山,表现出作品的纵深感。

作者充分运用水旱盆景的各种艺术表现手法,将水面、旱地、远山、近树及小舟等景物有机结合起来,构成一幅充满诗意的立体山水画,使观者如置身于烟波江上。

《烟波图》

44.《饮马图》

树种:榔榆　石种:龟纹石　规格:120 cm

作者:赵庆泉

该作品作者以清池饮马为题材,表现春日野外的勃勃生机。树木以一株岭南风格的小叶榆为主,苍劲自然,配以数株同类小树。陶马比例与主树相符。

作品采用水畔式布局,左侧为水面,约占三分之一;右侧为旱地,其前角又开了一小块水面,以达到虚中有实,增加变化。坡岸由多块纹理统一的石头拼接而成。呈平缓状,无险无奇,恬静如画。

《饮马图》

45.《幽林曲》

树种:榔榆　石种:龟纹石　规格:盆长 70 cm

作者:赵庆泉

以十几株大小、粗细不一的直干形榔榆为主要材料,配以形态自然、纹理协调的龟纹石,在正圆形水盆中,构成一片幽静的深林。树木布局极富节奏韵律,犹如一首优美的乐曲。

该作品采用典型的溪涧式布局,并借鉴了西方油画的构图形式;采用焦点透视,将左右两丛树势均引向中间,呈合拢之态,溪水由宽渐窄,树木由大渐小,突出表现画面的纵深感。

《幽林曲》

46.《听涛》

树种:榔榆　石种:英德石　规格:盆长 100 cm

作者:赵庆泉

该作品选用的材料为九株高低、大小不一的多芽五针松和英德石。树木的主干均保留了自然形态,侧枝则作了攀扎与修剪,以分清层次,增添画意。作品的布局注重主次、疏密、曲直、虚实的变化,充分体现自然丛林的风貌。一老者(摆件)独坐林中,似倾听波涛和松涛。

《听涛》

47.《枫林秀色》

树种:鸡爪槭　石种:英德石　规格:盆长 120 cm

作者:赵庆泉

该作品采用密林式水旱盆景形式,以多株鸡爪槭配以英德石,在狭长的椭圆形盆中表现了水畔枫林的秀丽景色。树木姿态协调,坡岸曲折多变,富有自然气息。

《枫林秀色》

48.《疏林秀水》

树种：金钱松　石种：石笋石　规格：盆长 70 cm

作者：赵庆泉

该作品采用溪涧式布局，左侧为主，右侧为副；近处树木高大，远处渐次低矮；水面亦近宽远窄，很好地体现了景物的深度；而正圆形盆的特点，不仅使景物紧凑，同时也更增强了纵深感。树木分布疏密有致，表现出大自然的韵律。

作品所用的材料系十几株 2~4 年生金钱松苗和数块普普通通的石笋石，但因精心加工与布局，表现出疏林清溪的幽雅境界。

《疏林秀水》

49.《夏日清趣》

树种：榔榆　石种：龟纹石　规格：盆长 120 cm

作者：赵庆泉

该作品为数株大小不一的榔榆，粗细相间，高低相宜，有聚有散，有正有欹，组成一片自然丛林的景观。如在浓阴夏日，两位老者聚精会神对弈，不远处一弯清水，相映成趣。

作品在布局上以一株高大挺拔的双干榔榆为主树，其右配以一组树干作为延伸，后面则是数株较小的树，显出了丛林的深度。人物摆件放置在视觉中心处，斜干树下，起到了画龙点睛的作用。

《夏日清趣》

50.《悬崖雨霁》

树种:雀梅　石种:英德石　规格:盆长 100 cm

作者:林凤书

该作品以若干零碎山石拼镶砌叠而成,手法类似假山堆叠。所选石料纹理相通,色泽相近,堆叠中有挑有压,凹凸有致,拼缝隐蔽,浑然一体。主山具耸峭之险,水岸呈婉曲之致。山石预留洞穴,种植悬崖式雀梅一株,山前山后配植纤小植物,满山生机盎然;雨后初晴,绿叶鲜翠,最为赏心悦目。

《悬崖雨霁》

51.《鹅池留踪》

树种：福建黄杨　石种：风化石　规格：盆长 80 cm

作者：林凤书

该作品干粗、根露、树皮皴裂，俨然百年古木，然叶茂枝繁，郁郁葱葱，又显示出无限生机。树木右侧一泓清池，一老者伫立水边，俯首观望白鹅游弋。此情此景，令人联想起王羲之爱鹅的典故，生发思古之幽情。

《鹅池留踪》

52.《疏林早春》

树种：雀梅　石种：龟纹石　规格：盆长 100 cm

作者：孟广陵

该作品选用了十几株高低、粗细不一的雀梅和一些形态古朴自然的龟纹石作为主要材料。布局则采用水旱盆景中常见的溪涧式：左侧为主，右侧为副；近处树木高耸，远处树木渐次低排；中间为一蜿蜒曲折的溪涧，近宽远窄。整个作品疏密有致，虚实相生，表现了江南早春的山林景色。

《疏林春早》

53.《浓阴深处》

树种：五针松、真柏　石种：龟纹石　规格：盆长120 cm

作者：孟广陵

该作品两岸浓阴，一弯清流，树石相依，水旱交融。作者以五株高低、粗细不一的五针松和几株真柏营造了一片森林景观。其前后分明，疏密得当，富有韵律感，中间水面与两岸树石形成鲜明的虚实对比，前景五针松与后景小真柏表现出景物的深度。

作品中树木挺直，山石圆浑，如一幅清幽的山水画。

《浓阴深处》

(三)发展的写意树木盆景

54.《古木情深》

树种:雀梅　规格:树高 100 cm　树宽 80 cm

作者:惠幼林

该作品树本雄健挺拔,虬曲有姿,雄秀兼备,在雀梅树种中不易多得,经作者精心造型,形成大树型更实属不易,特别是枝叶结构梳理尤现功底。

1997 年荣获"第四届中国盆景评比展览"一等奖。

《古木深情》

55.《峰峦叠翠》

树种:刺柏　规格:树高:65 cm　树宽 120 cm

作者:徐大来

该作品造型含扬派神韵而不拘其规范,主副干变化有序,相辅相成,枝干舒展平稳,多而不乱,疏密有度,密中有隙,层次分明,结构严谨,白骨卧根,上下争辉,相映成趣。

1997 年荣获"第四届中国盆景评比展览"二等奖。

《峰峦叠翠》

56.《曲折生枝》

树种:圆柏　规格:树高 100 cm　树宽 95 cm

作者:王金荣

该作品作者依材施艺,巧妙地将自然"舍利"、曲折的顶梢,安排在主观赏面。通过精心养护,使其枝繁叶茂,并略加修剪,以脱尽人工匠气,形成自然界圆柏之树冠,不失为一种有效创作手法。

1997 年荣获"第四届中国盆景评比展览"二等奖。

《曲折生枝》

57.《飞天》

树种:黄杨　规格:树高 40 cm　树宽 100 cm

作者:许荣林

该作品采用扬派传统开片技法,借鉴苏派修剪手法,历时二十多年精心培育,才形成其轻盈、飘逸犹如敦煌飞天般的美妙仙姿。

1997 年荣获"第四届中国盆景评比展览"三等奖。

《飞天》

58.《饱阅人间晨露》

树种:刺柏　规格:树高 65 cm　树宽 100 cm

作者:惠幼林

该作品原为刺柏树桩,经作者丝雕形成舍利干,并在树冠适当部位剥制神枝,使作品俨然成为如山巅巨岩傍生千年古柏,饱阅人间晨露一般,从中可见作者丝雕舍利干功底。(注:此盆景后转让湖南一痴迷盆景企业家,翌年荣获“第五届中国盆景评比展览”一等奖。)

《饱阅人间晨露》

59.《气蕴风雷》

树种：五针松（大阪松）　规格：树高 50 cm　树宽 70 cm

作者：许荣林

该作品自幼栽培，盆龄近 30 年，结构紧凑，层次分明，自然流畅，气蕴风雷。2001 年荣获“第五届中国盆景评比展览”二等奖。

《气蕴风雷》

60.《叠翠》

树种：五针松　规格：树高 50 cm 飘长 110 cm

再创作作者：李明

该作品由传统的扬派盆景改作而成，既具有扬派盆景的庄严、雍容华贵，又不失活泼、飘逸，和松的刚劲、洒脱，以得到最佳的协调和表现。顶片浓绿如盖，巨大的悬崖飘枝向右奔泻而出，背后的小枝片更添立体感，多个枝片将上下完美相连，层层翠幕相叠，似行云，如流水……

2001 年荣获“第五届中国盆景评比展览”二等奖。

《叠翠》

61.《泼墨》

树种:刺柏　规格:树高 80 cm　树宽 110 cm

作者:王正生

该作品经原作者惠幼林依材施艺,通过丝雕"舍利"创作技艺,后经多年精心养护,突出柏树苍古嶙峋。并利用其后生命枝剪扎顶片和下飘枝,针叶苍翠欲滴,密集似云,颇有动感,表达古柏之韵味。

2008 年荣获"第七届中国盆景展览会"银奖。

《泼墨》

62.《青龙》

树种：黑松　规格：树高 95 cm　树宽 120 cm

作者：王正生

该作品主干自然流畅，形似蛟龙，作者巧妙利用一主枝作顶，一枝下飘作片。经精心养护，枝繁叶茂，苍翠欲滴，体现青松阳刚之美，别有意境。

2008 年荣获“第七届中国盆景展览会”铜奖。

《青龙》

63.《碧云竞秀》

树种：黄杨　规格：树高 110 cm　树宽 75 cm

作者：李晓

该作品冲破传统的扬派盆景喜用黄杨树种，剪扎成“层次分明，严整平稳”工笔细描装饰美的云片风格。而创新运用写意手法构图，将该树种少见同根多干组合成景，形成少见黄杨丛林景观。经作者多年养护管理，枝繁叶茂，并修剪成自然云朵状，可谓“碧云竞秀”。

2012 年荣获“第八届中国盆景展览会”金奖。

《碧云竞秀》

64.《风华正茂》

树种:金钱木　规格:树高 110 cm　树宽 100 cm

作者:陈义田

该作品构思精巧,造型新颖,通过精扎细剪,桩景飘逸雄健,主副干嫩叶秀色如玉,取名《风华正茂》,实为精品。

1997 年荣获"第四届亚太地区盆景赏石会议暨展览会"铜奖。

《风华正茂》

65.《峥嵘岁月》

树种：五针松　规格：树高 80 cm　树宽 90 cm

作者：惠幼林

该作品在扬派盆景剪扎基础上，吸取海派盆景五针松剪扎之长，经作者多年精心剪扎，形成既具有层次感，又具有大型树美感，发展写意五针松盆景造型。

1999 年荣获"'澳门杯'全国盆景花卉精品展"一等奖。

《峥嵘岁月》

66.《巍然屹立》

树种：刺柏　规格：树高 100 cm　树宽 80 cm

作者：陈义田

该作品主干粗实，古朴而苍劲，枝片丰满庄重，雄伟豪放，给人以沉着、稳健、刚毅的艺术感染和坚忍不拔、奋发向上的深思与联想。

2000 年荣获“第三届中国国际园林花卉博览会”银奖。

《巍然屹立》

67.《闲云出岫》

树种：银杏　规格：树高 35 cm　树宽 50 cm

作者：许荣林

以根代干，屈曲如龙，片平工整，势若闲云出岫，成为继承扬派盆景传统造型的又一佳作。

2001 年荣获"第四届中国国际园林花卉博览会"金奖。

《闲云出岫》

68.《寿》

树种:雀梅　规格:树高 55 cm　树宽 35 cm

作者:许荣林

该作品为百年老树,姿态老辣,云头雨足,瑞气蒸腾,其顶部龙钟下垂,一副老寿星憨态可掬的神态。

2001 年荣获"第五届中国花卉博览会"铜奖。

《寿》

69.《苍翠》

树种:黑松　规格:树高 68 cm　树宽 32 cm

作者:张如庆

该作品枝干盘曲,树皮斑驳龟裂,强劲有力,下枝刻意向右伸展,枝片线条舒展苍劲而充满动势。

2003 年荣获“第六届中国花卉博览会”铜奖。

《苍翠》

70.《汉柏凌云》

树种:刺柏　规格:树高 98 cm　树宽 120 cm

作者:王正生

该作品经原作者惠幼林依材施艺,通过丝雕"舍利"创作技艺构思立意,后经多年精心养护,突出柏树苍古嶙峋,且枝繁叶茂,体现柏树不屈不挠的顽强生命力,古拙繁茂,风姿迷人。

2005 年荣获"首届中国绿化博览会"一等奖。

《汉柏凌云》

71.《翠盖凌风》

树种:黑松　规格:树高 112 cm　树宽 206 cm

作者:惠幼林

该作品为一本多干素材,根径约 48 cm,基础厚实,上部自然分成数案干枝,并顺向一致,侧枝布局合理,且有变化,组成了完整的树架,条点基本理想,各枝条上端收顶无大伤疤,是一盆不可多得的黑松素材。

该作品虽雄壮但不呆板,虽粗大但不生硬,协调性非常理想,树姿的态势也充分地得到提升。整个树姿自然地向右飘动,上下左右兼顾,顶片的位置恰到好处,与整体造型配合得体,既体现了松树在自然界的生理特征,又展示了盆景艺术的内涵。使观者对其浩然的气质印象较深,极具震撼力,同时"大中见小"的艺术特色也体现出来。雄壮威武,似有吾定乾坤的气势。

《翠盖凌风》

72.《卓然寻》

树种:黑松　规格:树高 93 cm　树宽 180 cm

作者:惠幼林

该作品为双干,但与往常双干型不同,左干上扬向右弯曲,右干直行下挂直落盆底,个性独特,而且基部分叉点恰到好处。作者创作时独具匠心地顺势迎合材料个性所带来的特色,将特点发挥至最佳效果,造就寻求空间、欲求新世界的内涵特色。为保持重心的平衡,作者把盆体上方的绿色体加大加重,以支撑右边下探所带来的不平衡,使整个树势体现稳重而不失调、大度而不俗的风格。体现了作者内心世界对大自然的热爱和追求,同时也展示作品个性,使艺术创作取得成功。

《卓然寻》

73.《凝望》

树种:黑松　规格:树高 8 cm　飘长 20 cm

作者:李晓

该作品作者依材施艺,将粗短树本,倒置作大悬崖状,并配置得体朱泥束口方圆盆,使盆与景相得益彰。经作者精心养护,松针翠绿刚劲,展示养护功底。

《凝望》

74.《一枝独秀》

树种:五针松　规格:树高 65 cm

作者:赵庆泉

该作品抛开一般的盆景形式,删繁就简,将中国传统文人画的表现手法融入创作之中,以简洁、明快、淡雅的笔调,塑造了松的冷峻、孤傲、清淡的品格,表现出一种全新的艺术境界。

整体造型的向左倾俯,寥寥数笔针叶落于顶端四分之一处,使重心远离盆面,从而营造出开阔的空间,增添了平中见奇的动感。细长的主干,直中有曲,刚中见柔,富有韵律感。

《一枝独秀》

75.《蓬莱松烟》

树种：五针松　规格：树高 75 cm　树宽 120 cm

作者：陈武

五针松盆景贵在“自幼栽培”，作者经过多年加工整理，使该作品布局合理，密不透风，疏可跑马，古老的树干和开裂的树纹，突出了主题；右侧那跌宕起伏的枝片，飘逸伸展，如入云端，惟妙惟肖，犹如蓬莱仙境。

《蓬莱松烟》

76.《蛟龙奇碧》

树种:五针松　规格:树高 55 cm　树宽 120 cm

作者:陈革

该作品自幼培养,经数十年精扎细剪,疏密有致,平稳流畅,粗壮豪放的树干带着飘逸的树冠,倒挂在盆边,就像高山峭壁间的出岫绿云,临水蛟龙。

极具创意的构图体现了作者的灵感与智慧,与丰富的层次遥相呼应,使整个画面清新自然,给人以耳目一新的感觉。

《蛟龙奇碧》

77.《叠翠云漫》

树种:五针松　规格:树高 55 cm　树宽 90 cm

作者:陈革

该作品作者根据自然界松树叠翠的特性,运用扬派棕法,将五针松枝叶剪扎成枝枝平行,叶叶俱平而仰,形成层次分明,平整平稳,其主干虬曲劲健,婀娜多姿,富有工笔细描装饰美的地方风格。

《叠翠云漫》

78.《青松戏水》

树种：黑松　规格：树高 26 cm　飘长 55 cm

作者：李晓

该作品作者依材施艺，一枝盘曲作顶，一枝下飘作大悬崖，增强动势。经作者多年精心养护，枝繁叶茂，并剪扎成云朵，酷似高山飘逸青松，构成天然图画。

《青松戏水》

79.《涛声依旧》

树种：五针松　规格：树高 95 cm　树宽 55 cm

作者：李晓

该作品微曲干形，避免呆板乏味印象，显得很有气魄，顶梢作顶，下枝水平状伸出，使整体造型协调。经作者多年精心养护，针叶茂盛，显示出刚劲的生命力，甚是美观。

《涛声依旧》

80.《独立峰巅》

树种：五针松　规格：树高 110 cm　树宽 86 cm

作者：许必良

该作品作者依材施艺，将主干直立，在适当高度作顶，并在适当条位安排大小飘枝，组合成为完整画面，显现刚劲有力、巍然屹立的青松品格。经多年细致修剪、剥芽，使其枝繁叶茂，并植于浅盆凸显作品之雄姿，也展示出作者的养护功底。

《独立峰巅》

81.《揽月》

树种：五针松　规格：树高 40 cm　飘长 110 cm

作者：许必良

该作品作者依材施艺，创作大悬崖造型，可贵的是分枝交代清楚简洁，节奏明快，自然流畅。由于逐年进行细致修剪、剥芽，使其枝繁叶茂，保持常年美感。

《揽月》

82.《叠云飞渡》

树种：五针松　规格：树高 95 cm　树宽 95 cm

作者：许必良

该作品经作者多年造型、精心养护，因势利导，将主干盘曲，布局强壮枝条与主干组合协调，静中寓动，酷似叠云飞渡。特别是经作者逐年进行细致修剪、剥芽，使其枝繁叶茂并保持美态，实属不易。

《叠云飞渡》

83.《凌空风云》

树种：五针松　规格：树高 76 cm　树宽 80 cm

作者：许必良

该作品作者依材施艺，执意斜栽设正顶留下飘枝，增强动势，经多年细致修剪、剥芽，使其枝繁叶茂，并形成其创作写意五针松盆景之个人风格。

《凌空风云》

84.《蜀冈松涛》

树种:五针松　规格:树高 50 cm　飘长 160 cm

作者:宋云邗

该作品树冠厚实,针叶茂盛,显示出强劲的生命力。作者造型时将卧干前飘,并留一干作顶,经多年精心养护、攀扎,促使树冠丰满,同时增添动势,犹如峰巅松涛。

《蜀冈松涛》

85.《揽云飞渡》

树种：五针松　规格：树高 70 cm　树宽 150 cm

作者：宋云邗

该作品构图动中有静，不失活泼、飘逸，体现松树风格的刚劲和力量，顶片浓绿如盖，巨大飘枝向左奔泻而出，犹如揽云飞渡。既不失云片之美，又不失自然之美，而相得益彰。

《揽云飞渡》

86.《探海》

树种：大板松　规格：树高 40 cm　飘长 80 cm

作者：宋云邗

该作品作者依材施艺，将上下二枝，一枝作顶，一枝下飘作大悬崖，枝干纵横，态若天成，极尽自然之趣。并配以深色暗花乌泥方盆，高架，显示大悬崖造型探海之姿。

《探海》

87.《志在千秋》

树种:五针松　规格:树高 85 cm　树宽 65 cm

作者:沈晓阳

该作品为三十年树龄的五针松。主干略斜,以直为曲,线条曲折多变,枝片上密下疏,分布自然,意在表现中国文人不屈不挠的人格魅力。

《志在千秋》

88.《隽逸》

树种:大阪松　规格:树高 50 cm　树宽 30 cm

作者:冷瑞露

该作品隽秀显挺拔,逸致不落俗套,刚柔皆帷幄,松趣尽其中!

《隽逸》

89.《迎宾》

树种：五针松　规格：树高 71 cm　树宽 53 cm

作者：顾斌

该作品作者巧妙地利用主干曲线鞠躬状，上置云朵，将延长枝弯曲下飘，酷似伸臂迎宾状。作品以简洁的造型，生动地体现了礼仪品质。

《迎宾》

90.《松风溢翠》

树种：大阪松　规格：树高 76 cm　树宽 120 cm

作者：顾斌

该作品作者依材施艺，将主干微弯至顶，并在阳弯出片，增强下飘枝，刚柔相济，婆娑舞动，充满大自然的精神力量。

《松风溢翠》

91.《断崖惊涛》

树种:锦松　规格:树长 75 cm　树宽 35 cm

作者:许荣林

该作品干皮深裂,苍古强劲,虬曲多姿,跌宕风云,实为悬崖式锦松之精品。

《断崖惊涛》

92.《醒狮翩舞》

树种：锦松　规格：树高 70 cm　树宽 75 cm

作者：潘世明

锦松为盆景珍贵树种，以观赏奇特枝干为主，多为任其自然，稍作艺术处理。但该作品经作者构思创作和多年精心养护，体现出南、北醒狮翩翩起舞之意境，柔中有刚，另有一番姿色，回味无穷。

《醒狮翩舞》

93.《劲松迎宾》

树种:锦松　规格:树高 40 cm　飘长 50 cm

作者:潘世明

锦松为珍贵盆景树种,以观赏奇特树干为主,多为任其自然生长,仅稍作艺术处理。但该作品经作者精心构思,巧借根茎弯曲树姿,一枝作顶,一枝下飘,似迎宾之态,回味无穷。并配得体红砂方盆,以及红木方几,体现景、盆、架三位一体盆景艺术形象,以提升观赏效果。

《劲松迎宾》

94.《雄健》

树种:锦松　规格:树高 58 cm　树宽:68 cm

作者:潘世明

锦松为盆景珍贵树种,以观赏奇特树干为主,多为任其自然生长,仅稍作艺术处理。但该作品经作者依材施艺体现出苍松挺拔刚毅特色,经精心养护,使其松针刚劲有力,针叶翠绿,与树本相得益彰,显示出其雄健神韵。

《雄健》

95.《龙飞凤舞》

树种:黄山松　规格:树高 75 cm　树宽 100 cm

作者:周钧

该作品造型怪异,是难得一见的树材,主体干形鬼斧神工,龙飞凤舞,给人以美的享受。

《龙飞凤舞》

96.《蛟龙探海》

树种:罗汉松　规格:树高 68 cm　飘长:45 cm

作者:杨永实

该作品苍老矫健,跌宕奔放,势如游龙,深受盆景爱好者的喜爱。仅其根头发达,身段健壮,气势非凡,势如破竹,一气呵成。宛如苍龙戏水,矫健动人,蔚为壮观。

《蛟龙探海》

97.《霞蔚叠翠》

树种：米叶罗汉松　规格：树高 75 cm　树宽 70 cm

作者：于斌

该作品为作者20世纪80年代，从上海植物园引进米叶罗汉松，并亲自嫁接换冠之作。经十余年精心养护和补接，枝繁叶茂，并逐年按写意手法进行剪枝造型，现已无嫁接疤痕。通过原桩的古拙而雄健的主干，构筑层层叠叠，结构紧凑，古朴苍劲，端庄典雅，笔墨酣畅淋漓的景观，可谓是交相辉映、相得益彰。

《霞蔚叠翠》

98.《展翅飞云》

树种:小叶罗汉松　规格:树高 38 cm　树宽 56 cm

作者:顾斌

该作品由作者自幼栽培,逐年造型,后经作者再创作,尤将阳弯下飘枝延伸,以增强动势,成为该作品美妙之笔。

《展翅飞云》

99.《高风亮节》

树种:刺柏　规格:树高 115 cm

作者:赵庆泉

该作品是一件典型的"文人树"作品,它原系从一件老作品改作而成。作者用十多年的时间,着力培育一根下跌的主枝,使其扭转往复,并紧贴主干成向下 90°垂跌,整株树造型简洁、凝练、富有个性。扭曲的枝条与坚挺的主干,刚柔相济;深褐色的水线与灰白色的舍利干,对比鲜明;高耸的主干,清晰的结构,充分体现出"文人树"的特色,更有助于突出此作品的主题。

《高风亮节》

100.《浩然神韵》

树种:刺柏　规格:树高 118 cm　树宽190 cm

作者:惠幼林

该作品为一本双干,主干苍古雄壮,根头粗大,稳若泰山。副干从主干左后方近根部横斜而出,其势向左,至中部向右回折,与主干呈顾盼之状,继而紧折向左,保持起势之态。蹁跹如长袖漫舞。作者通过丝雕"舍利"创作技艺,将主干右边自根部向上,连同桩节作成舍利,舍利自下而上向后转折,逐渐隐没于树干后方,这是作者制作舍利的高妙之处,使主干呈现扭筋转骨的力量感。主干上部的迎面处,也作出一条舍利,其线条向右扭转,与下部的舍利似连非连,气脉相贯,由此增加了树干的苍古感。

副干舍利曲线张扬,如飘升的音乐般凝固在空间,与主干生死相依,枯荣相济,今昔相对。

作品形式厚重,意境苍古。

《浩然神韵》

101.《笑傲岁月》

树种:刺柏　规格:树高 100 cm　树宽 130 cm

作者:惠幼林

该作品由右向左倾斜,中部弯曲向下扭曲回转又向上,主干上部阳点上生有一枝,为作品提供绿色生命。该作品造型夸张,尤其是通过丝雕舍利创作技艺,将旋转部雕空,且线条复杂多变,把柏树的自然特性发挥到理想的境地,充分反映沧桑的岁月,与大自然拼搏的精神。同时主干的舍利直冲云霄,立于绿色顶端的上方,其舍利部分给整个画面提供了"露白"效果,使整个作品活跃而不呆板,气韵得体。体现出千年古柏在岁月中,追求生命、顽强奋斗、朝气蓬勃的精神。

《笑傲岁月》

102.《相依》

树种:刺柏　规格:树高 90 cm　树宽 90 cm

作者:陈义田

该作品经作者多年造型和精心养护,并使用丝雕手法,突出主干苍老有劲,并将副干紧贴靠近,充分体现相互依靠、扶老携幼的和谐美德。

《相依》

103.《我自巍然》

树种：刺柏　规格：树高 75 cm　树宽 60 cm

作者：许荣林

该作品曲而尤直，柔中有刚，从基部中心傲立的舍利干，更加显示其历尽沧桑、我自巍然的英雄气概。

《我自巍然》

104.《神龙飞越》

树种:刺柏　规格:树高 45 cm　树宽 120 cm

作者:李晓

该作品作者依材施艺,通过丝雕“舍利”创作技艺,经多年精心养护,突出柏树苍古嶙峋,且枝繁叶茂。特别是巧妙地将生命枝创作成大悬崖,极具动感,构图疏密有致,苍劲潇洒,犹如神龙飞越,而别具风韵。

《神龙飞越》

105.《松壑柏韵》

树种:刺柏　规格:树高 126 cm　树宽 150 cm

作者:王正生

该作品经原作者惠幼林依材施艺,通过丝雕"舍利"创作技艺,构思立意,后经多年精心养护,突出柏树苍古嶙峋,且枝繁叶茂,犹如枯木逢春。不仅体现出柏树坚忍不拔、不屈不挠的顽强生命力,且别具风韵,苍劲潇洒。

《松壑柏韵》

106.《刺破青天》

树种：刺柏　规格：树高 110 cm　树宽 75 cm

作者：宋云邗

该作品树干舍利饱经风霜，昔日雄姿依稀可辨。作者巧借生命枝，让其顽强地由下向上伸展，挺拔刚毅，且枝繁叶茂，化枯朽为神奇，重新赋以刺破青天的生命力，可谓用心良苦。

《刺破青天》

107.《父子情深》

树种:刺柏　规格:树高 116 cm　树宽 90 cm

作者:许必良

该作品同根连生,作者依材施艺,高干层层叠叠,枝繁叶茂;低干有意创作成顽童状,活泼传神,似是父子双双同步,漫向人生旅程前进。

《父子情深》

108.《峥嵘岁月》

树种:刺柏　规格:树高 68 cm　树宽 94 cm

作者:许必良

该作品作者依材施艺,将主干进行丝雕处理,强化苍古意境,因水路布局合理,促使树冠枝繁叶茂,体现铿锵有力、生命无限的峥嵘岁月。作者更大胆将其植于浅盆,不仅突显作品气宇轩昂,也展示作者的养护功底。

《峥嵘岁月》

109.《迎春曲》

树种:刺柏　规格:树高 60 cm　树宽 112 cm

作者:徐大来

该作品线条自由奔放,充满生机,画面动势诱人,显示生命之顽强,如一副迎春的赞歌。

《迎春曲》

110.《飘》

树种：刺柏　规格：树高 45 cm　树宽 105 cm

作者：徐大来

该作品树干线条柔美流畅，枝叶疏密有致，飘逸而不狂放，收放自如。配红色腰圆浅盆，相得益彰，耀人眼球。

《飘》

111.《双龙嬉剑》

树种：刺柏　规格：树高 115 cm　树宽 90 cm

作者：徐大来

该作品个性突出，直干"舍利"俨似龙泉凌空直刺，盘曲双干犹如双龙上下舞动，秀丽而变化有序。既像争试利剑，又仿佛对剑嬉戏，直干与曲干有机组合，构成和谐篇章。

《双龙嬉剑》

112.《翩翩飞舞》

树种：刺柏　规格：树高 88 cm　树宽 78 cm

作者：徐大来

该作品如情侣相拥，翩翩起舞，舞姿轻盈。似蓝天相伴，云中飞行。

《翩翩飞舞》

113.《春光独秀》

树种：刺柏　规格：树高 50 cm　树宽 70 cm

作者：徐大来

该作品树材难得，基部白骨造化天然，力度非凡，似峰石雄立，十分俊秀。侧峰外延衍生秀树一帜，玲珑飘逸，姿态娇媚，有独占春色之势，令人喜爱。

《春光独秀》

114.《青云天梯》

树种：刺柏　规格：树高 70 cm　树宽 68 cm

作者：吴礼华

该作品作者借鉴扬派盆景创作手法，应用写意章法构图，将云片先由下往上曲折纡徐直通云端机顶。形象道出天体造型特点，同时汲取"好风凭借力，送我上青云"的传统理念，融入步步高升的吉祥内涵。

《青云天梯》

115.《云燕归巢》

树种:刺柏　规格:树高 45 cm　树宽 78 cm

作者:吴礼华

该作品作者依材施艺,使人联想到一群群翱翔蓝天的云燕,黄昏归巢时的情景。一只只燕子舞动着翅膀择枝而栖,传递出缤纷多姿、雀跃喧闹、动感十足的气氛,仿佛把承载它们的老树都逗得乐弯了腰。

《云燕归巢》

116.《枯木龙吟》

树种：刺柏　规格：树高 120 cm　树宽 100 cm

作者：周钧

该作品出神入化，苍老异常。主干如游龙翻腾跃上青云，右首下飘枝与龙体变化中彰显动势，求得平衡，是一副优美的龙吟图。

《枯木龙吟》

117.《探求》

树种：真柏　规格：树高 45 cm　树宽 60 cm

作者：陈义田

该作品结构紧凑，条位分布匀称，树势造型采用下垂飘逸手法，造就生存在悬崖峭壁之古柏，给人一种求生向上的感受。

《探求》

118.《出岫》

树种：真柏　规格：树高 95 cm　树宽 60 cm

作者：周启进

该作品是一件“文人树”作品。树材取自苗圃的高干绿化苗，经多年攀扎、修剪与雕刻而成。其主干瘦高，取势欹斜，枝叶主要集中于树木上端，并呈下垂状，别具一格，显出古画中树木之孤寂高远，表现了“云无心以出岫”的文人情怀。

《出岫》

119.《寻幽》

树种:真柏　规格:树高 30 cm　树宽 65 cm

作者:杨永实

该作品为一株多干真柏。枝干扭曲多变,枝丫横生,野趣天然。其组合搭配得当,布局巧妙,令人神往。

《寻幽》

120.《长揖》

树种:真柏　规格:树高 38 cm　树宽 70 cm

作者:吴礼华

该作品作者依材施艺,使其造型令人联想到中国古代之“揖礼”,上昂的头颅,微倾的身姿,前伸下垂充满动感的手臂,形象典雅地表达了“长揖不拜”不卑不亢的待人处事态度。

《长揖》

121.《一炉心香》

树种:真柏　规格:树高 66 cm　树宽 54 cm

作者:吴礼华

该作品作者依材施艺,造型上下酷似博山炉形状,且通体散发出柏树的自然清香。宛如四时焚香、清芬袅袅的博山炉,承载着人们的美好心愿和祝福。

《一炉心香》

122.《子昂双娇》

树种：真柏　规格：树高 99 cm　树宽 63 cm

作者：吴礼华

该作品纤细秀丽真柏、婀娜多姿，犹如两位袅袅婷婷的赵家佳丽，又因其意出自赵子昂的《双松平远图》，因而题名“子昂双娇”。

《子昂双娇》

123.《彩云追月》

树种:龙柏　规格:下飘 85 cm

作者:周钧

该作品个性突出,主干变化秀美,弯曲自如流畅。上首“舍利”犀利盘曲,下首主体枝片如彩云变幻,生机勃勃,是一幅秀美画卷。

《彩云追月》

124.《翠云腾龙》

树种：黄杨　规格：树高 66 cm　树宽 72 cm

再创作作者：赵庆泉

该作品系扬派黄杨盆景改作而成。树本姿态富于变化，犹如腾龙，枝叶散布四方，似片片翠云。所配瓶盆使树木有腾飞之感，构成静中有动的立体画面。

《翠云腾龙》

125.《云绕靓妆》

树种:黄杨　规格:树高 38 cm　树宽 52 cm

作者:陈武

该作品作者巧妙借取多姿主干,因材施艺布局"云朵",配置红木几架,构成静中有动,宛如仙女起舞,直上青天。

《云绕靓妆》

126.《蜀冈碧云》

树种:黄杨　规格:树高 58 cm　树宽 40 cm

作者:陈武

该作品作者运用“根褪爪、干扭古、枝出层、盘走云”技艺,粗扎细剪,该作品主干柔和,层次分明,交相辉映,枝盘犹如碧云,略为斜向,呈飘逸之动势,犹如云气从山中逸出,如海潮般流过蜀冈,体现出大自然无尽的生机与诗景,给人们赏心悦目的感受。

《蜀冈碧云》

127.《春风得意》

树种：黄杨　规格：树高 68 cm　树宽 85 cm

作者：陈义田

该作品桩坯锯截修整完成后，对其萌发的新枝，逐一采用金属丝缠绕，使两边枝条下垂。左侧的枝条力求紧凑，向中心收缩，树枝相对较短；而右侧第一出枝尽量放长，向下延伸飘逸，使两边枝条形成对比。整个构图为左高右低，左短右长，圆弧形结顶，使树形轮廓呈不等边三角形，令原本直干粗壮的大树型显出一点灵动之感，从而达到最佳观赏效果。

《春风得意》

128.《争艳》

树种:黄杨　规格:树高 95 cm　树宽 120 cm

作者:陈义田

该作品采用无对称、无平行、无交叉的云片式造型手法,形成一种气势磅礴、争艳向上的美感。

《争艳》

129.《文人》

树种:黄杨　规格:树高 120 cm　树宽 35 cm

作者:李晓

该作品作者一改当今时尚喜用松柏类树种创作文人树盆景的习惯。选用一高干黄杨,经作者精心创作,适当养护,高耸主干,结构清晰,充分体现文人树孤傲清淡的品格。

《文人》

130.《傲骨》

树种:黄杨　规格:树高 90 cm　树宽 55 cm

作者:李晓

该作品作者依材施艺,突出主干傲骨品质,按自然分枝设置云朵,而返其天然之意,虽简洁,也不失为一种创作手法。

《傲骨》

131.《连理情深》

树种：黄杨　规格：树高 65 cm　树宽 130 cm

作者：宋云邗

该作品为作者在进行一次绿化工程施工中，慧眼发现一组奇异的黄杨连理现象，顿生灵感，遂将黄杨连理现象组合成景。原以扬派盆景技艺手法造型，并剪扎成云片，后感其匠气太重，遂任其自然，只略作修剪，以欣赏连理情深。

《连理情深》

132.《游龙遗韵》

树种：黄杨　规格：树高 75 cm　树宽 90 cm

再创作作者：于斌

该作品原为扬派盆景清代后期遗物，20 世纪 80 年代初期，作者在民间收购该作品时已“长荒”，而又无法“复原”。作者果断利用遗存的游龙弯枝架，应用岭南派盆景剪枝法，进行再创作，将传统“云片”改作成苏派盆景“云朵”状。经多年养护和修剪，枝繁叶茂，刚柔相济，成为“残桩改作”又一典范。

《游龙遗韵》

133.《追影》

树种：黄杨　规格：树高 40 cm　树宽 60 cm

作者：胡旭升

该作品飘逸的造型搭配弯月形盆，仿佛一幅行云流水逐月追影图，动感又不失清雅，妙哉！

《追影》

134.《生死相依》

树种:黄杨　规格:树高 30 cm　树宽 20 cm

作者:范正林

该作品作生死相依、不离不弃状,表达了一种坚持、一种节气,是对一本双干的完美诠释!

《生死相依》

135.《高山流水》

树种:黄杨　规格:树高 58 cm　树宽 38 cm

作者:周斌

该作品作者依材施艺,将盘曲主干延伸至顶,同时将盘曲分枝自然伸展并巧妙地留下一垂枝至盆底,造型酷似高山流水。

《高山流水》

136.《本固枝荣》

树种：对节白蜡　规格：树高 75 cm　树宽 98 cm

作者：陈义田

该作品利用原桩主干的粗度、力度，见机取势。采用以修剪为主、攀扎为辅的造型方法，经过七年培育整形，形成自然大树型，体现出以刚为主、刚柔相济的艺术神韵，具有一种威风凛凛、顶天立地的气概。

《本固枝荣》

137.《本是同根生》

树种:榆树　规格:树高 40 cm　树宽 110 cm

作者:许必良

该作品连根同生,作者依材施艺,并学习岭南派盆景创作技巧。借用同根双干,高干挺立轩昂,飘逸潇洒,野趣自然,低干配置适宜,错落合理。以剪为主,柔中带刚,互相呼应,相得益彰。寓意兄弟本是同根生,情意深似海。

《本是同根生》

138.《翠盖群峰》

树种:榔榆　石种:钟乳石　规格:盆长 77 cm

作者:李峰

该作品作者运用简练手法,在几块钟乳石中,斜倚一榆桩,体现翠盖群峰的气势,可谓巧妙。

1997 年荣获“第四届中国盆景评比展览”三等奖。

《翠盖群峰》

139.《活峰破云》

树种:银杏　规格:树高 83 cm

收藏者:扬派盆景博物馆

该盆景树身为一独立的银杏树乳,下粗上细,自然封顶,其状酷似一座巍然屹立的山峰。树身上下左右,柔枝缭绕,碧叶层层,好似天空中漂浮于山峰周围的片片云彩。取名为"活峰破云",可谓确切。该盆景以其独特的艺术造型和传神的意境,被"邮电部"(1998 年撤销改组为信息产业部和国家邮政局)选中,作为 1981 年发行的特种邮票《盆景艺术》之一,全套 6 枚。

《活峰破云》

140.《绮霞》

树种:红枫　规格:树高 120 cm　树宽 130 cm

作者:周启进

该作品在整体造型上采用了不等边三角形,树冠看似工整,但轮廓线有起有伏,张弛有度。经多年修剪,枝托布局合理,叶片实中有虚,枝干露中有藏,显出了作品的骨气。浓妆重彩的红叶与灰白洁净的枝干相得益彰,犹如晚晴的天空绮霞。

《绮霞》

141.《春》

树种:杜鹃　规格:树高 45 cm　树宽 60 cm

作者:李晓

该作品树本粗壮,经再创作者将其条位合理分布,构成大树型观花类盆景。后经作者多年精心养护,枝繁叶茂,春花盛放,体现观花类盆景精华。(注:因盛花后才被编著者发现,又无法等待翌年盛花期拍摄图片,只能留作读者想象。)

《春》

142.《冰心》

树种:蜡梅　规格:树高 60 cm　树宽 80 cm

作者:周启进

该作品素材系从当地花鸟市场购得,历经八年精心养护管理,趋于成熟。其构图简洁明快,枝干自然流畅,清新脱俗,表现出蜡梅铁骨冰心、凌寒飘香的品格。

《冰心》

143.《各领风骚》

树种：爬山虎、蒲草、雀梅、黑松、匍地蜈蚣、五针松、黄杨　规格：树高约 15 cm　小品组合

作者：许荣林

树种多样，造型各异，精巧可人，各领风骚。配以红木多宝架，给人以集古藏珍般的喜悦，这就是小品组合盆景的魅力所在。

《各领风骚》

(四)发展的山水盆景

144.《春风又绿江南岸》

石种:斧劈石　规格:盆长 150 cm

作者:汪波

该作品成功地用斧劈石创作连绵起伏的山丘,近处巧用苔藓构筑农田,组合在空阔江面上,展现一片江南景色,特别是坡脚缓缓伸入水面,水中点以小丘、白帆,使水面形成湖湾、港汊变化。整个作品山峦隐映,烟水迢迢,活脱脱一幅江南平远山水画。

1985 年荣获"第一届中国盆景评比展览"二等奖。

《春风又绿江南岸》

145.《风雪夜归人》

石种:砂积石　规格:盆长 120 cm

作者:汪波

山水盆景为体现雪景常用雪花石,却体现不出"堆雪"的动态景观。该作品作者一反常规,以砂积石为骨造型,然后以砂积石粉末混合白水泥,一层一层风吹至湿润山体,似同天然"堆雪",充分体现艺术之美。作者还运用黑色石盆衬托"堆雪"山体,体现风雪夜归人的意境。

1994 年荣获"第三届中国盆景评比展览"二等奖。

《风雪夜归人》

146.《雨沐春山》

石种:龟纹石　规格:盆长 120 cm

作者:汪波

该作品以山为体,石为骨,树为衣,草为毛发,水为血脉,石、树、草、水相协调,构成完美图画。其中配树养草大有讲究。该作品配树养草与山体比例得体,尤以山腰配树,可谓源于自然,高于自然。

1997 年荣获"第四届中国盆景评比展览"一等奖。

《雨沐春山》

147.《巴山夜雨》

石种:砂片石　规格:盆径 78 cm

作者:高礼良

该作品为近景式造型,主峰巍峨高耸,秀丽险峻,气势非凡。配峰与主峰协调呼应,顾盼有情。主峰与配峰体量大小比例恰当,轻重相衡,重心稳定。山的上、中、下部栽种植物,生机盎然,四时多变。画面静中有动,稳中求险。水岸线蜿蜒曲折,时隐时现,洞壑幽深,景物有露有藏。

2001 年荣获"第五届中国盆景评比展览"一等奖。

《巴山夜雨》

148.《玉璧竞辉》

石种：黄斧劈石　规格：盆长 120 cm

作者：方卫东

该作品作者一改创作斧劈石山水盆景手法，利用斧劈石陡峭剖面特色，营造山下峭壁景观，陡峭险峻，气势雄伟。尤以苔代树，既显示青山绿水，又不失比例，为创作山水盆景配树之范例。

2001 年荣获“第五届中国盆景评比展览”二等奖。

《玉璧竞辉》

后记

扬州，是国务院1982年首批公布的24座历史文化名城之一。扬派盆景在明代开创风格，清代形成流派，新中国成立后继承传统，发扬个性，使扬派盆景盛誉海内外。2008年6月，扬派盆景技艺被国务院列入国家级非物质文化遗产名录。在继承传统扬派盆景的同时，扬州专业盆景工作者、业余盆景爱好者也与时俱进，在继承传统基础上创新水旱盆景，并发展写意树木盆景、山水盆景，形成多元的扬州盆景艺术，为发展中国盆景艺术作出新的贡献。

编著《扬州盆景艺术》，以全面总结、解析、实录扬州专业盆景工作者、业余盆景爱好者与时俱进，在继承传统扬派盆景传统的同时，为形成多元的扬州盆景艺术所作出的新的贡献。

作者在接受安徽科学技术出版社的邀请编著《扬州盆景艺术》后，经与扬州专业盆景工作者、业余盆景爱好者商议，诸君均表示全力支持，积极提供相关资料、佳作图片，在此一并表示衷心的感谢。

在编著过程中，得到热爱扬州盆景艺术，享受国务院特殊津贴、扬州籍著名园林专家、北京市园林局原副总工程师、颐和园管理处原总工程师耿刘同先生的鼎力支持，并题写书名，在此表示衷心感谢。

在编著过程中，中国风景园林学会花卉盆景赏石分会副理事长、中国盆景艺术大师赵庆泉先生，提供相关资料、佳作图片；全国著名摄影艺术家茅永宽先生还提供拍摄的部分明、清扬派盆景遗存图片；业余盆景爱好者、资深摄像、摄影艺术家彭世和先生，协助制作全书插图电子稿图片，并为部分业余盆景爱好者、痴迷盆景企业家拍摄佳作图片，在此也一并表示衷心感谢。

书中疏漏及不当之处，请读者不吝赐教，以待修正。

韦金笙

2012年12月12日